● 世界技能大赛制冷与空调项目竞赛成果转化教材

家用分体式空调安装与维护

主　编　王长明

副主编　吴之庆　陈楚生

主　审　陈志佳　张扬吉

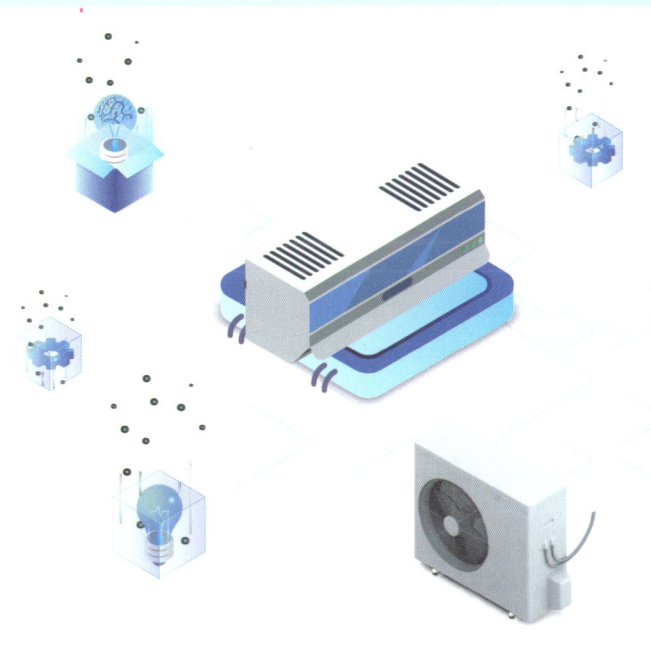

·广州·

图书在版编目（CIP）数据

家用分体式空调安装与维护 / 王长明主编. —广州：华南理工大学出版社，2023.4
ISBN 978-7-5623-7302-5

Ⅰ.①家… Ⅱ.①王… Ⅲ.①空气调节器–安装 Ⅳ.①TM925.12

中国版本图书馆CIP数据核字（2022）第248433号

家用分体式空调安装与维护
王长明　主编

出 版 人：柯　宁
出版发行：华南理工大学出版社
　　　　　（广州五山华南理工大学17号楼，邮编510640）
　　　　　http://hg.cb.scut.edu.cn　E-mail：scutc13@scut.edu.cn
　　　　　营销部电话：020-87113487　87111048（传真）
策划编辑：王魁葵
责任编辑：邱　燕　黄丽谊
责任校对：詹伟文
印 刷 者：广州一龙印刷有限公司
开　　本：787 mm×1092 mm　1/16　印张：6.75　字数：160千
版　　次：2023年4月第1版　印次：2023年4月第1次印刷
印　　数：1～800册
定　　价：50.00元

版权所有　盗版必究　　印装差错　负责调换

前 言

为进一步深化职业教育教学改革，积极推进工学一体化职业教育人才培养，根据《人力资源社会保障部关于举办中华人民共和国第一届职业技能大赛的通知》精神，广州市工贸技师学院结合多年承办世界技能大赛选拔赛及参赛的成功经验，组织具有丰富实践经验的制冷专业教师编写完成本书。

本书以世界技能大赛制冷与空调项目竞赛内容与要求为切入点，以工作过程为教学导向，以任务单元为教学模式，以学生职业能力为培养目标，全面系统地介绍了家用分体式空调的安装与维护知识。在编写过程中，编者对每个学习单元进行了有目标的设计，每个学习单元包括知识要求、操作技能、综合评价和思考题等模块，使学生在完成各单元任务学习后获得综合能力的提升，从而增强学习的兴趣、动力和信心。

本书适用于中等职业院校制冷与空调专业、家用电器电子技术等相关专业日常教学，也可作为中等职业院校学生参加世界技能大赛制冷与空调项目比赛备赛参考用书。

本书由广州市工贸技师学院王长明担任主编并对全书进行统稿。其中学习单元1、5、6由王长明编写，学习单元2由吴之庆编写，学习单元3由冼星文编写，学习单元4由李松柏编写，学习单元7由广州凯华科技有限公司陈楚生和许华凤编写。本书由广州市工贸技师学院陈志佳、张扬吉主审，广东交通职业技术学院叶翠安和约克广州空调冷冻设备有限公司柯军参与审稿，在此一并表示感谢。

由于编者水平有限，书中难免有不足之处，恳请读者批评指正。

编　者

2022 年 8 月

目　录

学习单元 1　选择家用分体式空调器并安装室内机 ················1
　　学习目标 ··1
　　知识要求 ··1
　　操作技能 ··9
　　综合评价 ···16
　　思考题 ··17

学习单元 2　制作和连接家用分体式空调器管道 ··················19
　　学习目标 ···19
　　知识要求 ···19
　　操作技能 ···26
　　综合评价 ···31
　　思考题 ··32

学习单元 3　安装家用分体式空调器室外机 ························33
　　学习目标 ···33
　　知识要求 ···33
　　操作技能 ···41
　　综合评价 ···44
　　思考题 ··45

学习单元 4　家用分体式空调器线路连接 ····························46
　　学习目标 ···46
　　知识要求 ···46
　　操作技能 ···53
　　综合评价 ···56
　　思考题 ··57

目 录

学习单元 5　家用分体式空调器的调试 ·············· **58**
　　学习目标 ································· 58
　　知识要求 ································· 58
　　操作技能 ································· 61
　　综合评价 ································· 64
　　思考题 ·································· 65

学习单元 6　安装多联机空调器 ··················· **67**
　　学习目标 ································· 67
　　知识要求 ································· 67
　　操作技能 ································· 71
　　综合评价 ································· 80
　　思考题 ·································· 81

学习单元 7　家用分体式空调器维护保养 ············· **83**
　　学习目标 ································· 83
　　知识要求 ································· 83
　　操作技能 ································· 92
　　综合评价 ································· 99
　　思考题 ·································· 100

参考文献 ·································· **102**

学习单元

选择家用分体式空调器并安装室内机

学习目标

🔧 方法能力目标
1. 看懂空调器铭牌标识;
2. 掌握空调器选型要求;
3. 掌握室内机安装技术要点。

🔧 专业能力目标
1. 具备空调器铭牌参数的识别能力;
2. 具备空调器冷负荷估算能力;
3. 具备室内机安装位置选择能力;
4. 具备室内机安装能力。

🔧 社会能力目标
1. 具备自主学习、独立分析的基本职业素养;
2. 具备团队合作意识和有效沟通能力;
3. 具有良好的职业道德和职业操守;
4. 具备安全、质量、成本、效益等意识。

知识要求

一、认识空调器铭牌

选择空调器首先要考虑品牌和型号,选对品牌和型号可减少很多售后困扰,而且各品牌空调器有各种不同的型号,所以选择空调器品牌和型号的关键是要认识空调器铭牌的各种参数。空调器主要参数显示在机身张贴的铭牌上,空调器室外机铭牌如图1-1所示,可以通过铭牌数据了解空调器各项参数。

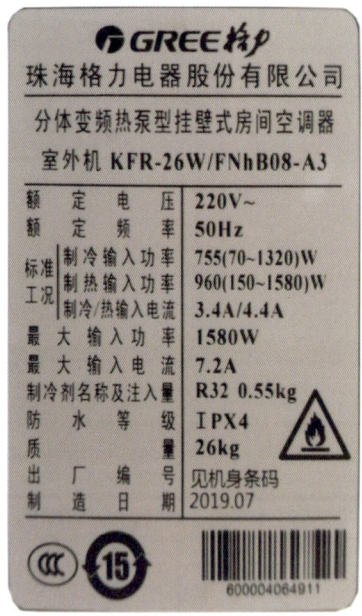

图1-1　空调器室外机铭牌

从空调器的铭牌通常可以看出制冷量、额定功率、能效等级、单冷型或冷暖型、立式或挂壁式等信息。其中制冷量和能效等级是选择空调器的重要指标。

铭牌中规格型号的数字和字母的含义如图1-2和表1-1所示。

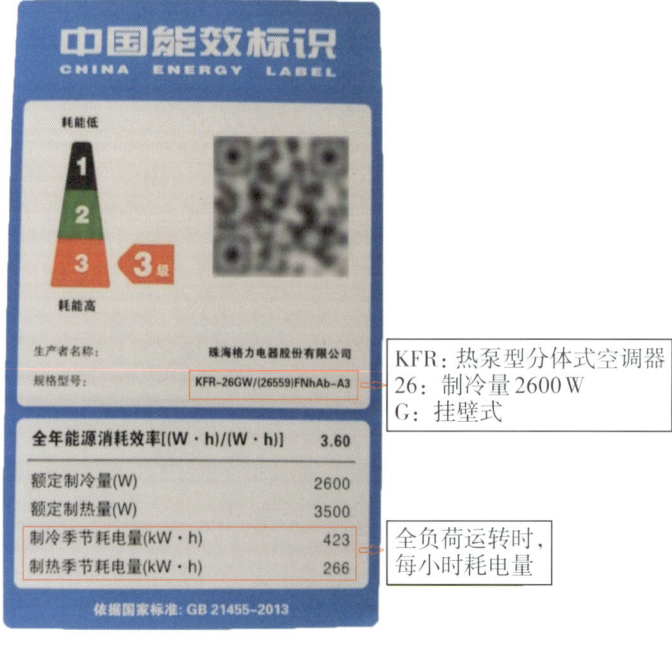

图1-2　空调器能效标识

表1-1 空调器的分类及其代号

名称	代号
房间空调器	K
整体式	窗式C、移动式Y
分体式	F
冷风型	L（代号可省略）
热泵型	R
热泵辅助电热型	RD
室外机组	W
室内机组挂壁式	G
室内机组落地式	L
室内机组吊顶式	D
室内机组嵌入式	Q

另外，人们口头上常用"匹"表示空调器制冷量的大小。"匹"的使用源于"马力"。"马力"是一种功率单位（符号：ps），指1匹马1秒所做的功，故口头上简称"匹"。1 ps = 735 W，使用电功率为1马力（1匹）的空调所产生的制冷量在2500～2600 W。在空调行业中，制冷量在2300～2700 W的空调都被称为一匹空调，制冷量在2000～2300 W的空调都被称为小一匹空调，制冷量在2700～2900 W的空调都被称为大一匹空调。

二、空调器负荷估算法

单位面积估算法是用空调器负荷估算指标乘以建筑物的空调面积。这里的估算指标已经将各类建筑物的人员密度、人员活动状态、发热设备等因素考虑在内，它表示某种场所每平方米面积需要的制冷量。一般用以下公式表示。

$$Q = AK$$

式中　Q——制冷量，W；
　　　A——空调面积，m^2；
　　　K——估算指标，W/m^2。

表1-2 常见场所空调器制冷负荷估算指标参数一览表

场所	冷负荷估算值（K）	单位
酒吧、KTV	260～320	W/m^2
会议室	200～300	W/m^2
办公室	160～220	W/m^2

续上表

场所	冷负荷估算值（K）	单位
旅馆房间	120～200	W/m²
百货商场	180～250	W/m²
医院	150～220	W/m²
客房（标准房）	140～200	W/m²
健身房	150～250	W/m²
剧场	230～320	W/m²
舞厅	250～300	W/m²

因为立式空调器的风量比挂壁式空调器的风量大，所以大空间的场所适合选用立式空调器，这样可以加快空气循环速度，从而使整体温度升降得更快。另外，空调能效比又称空调节能等级，是指空调器制冷量与输入功率的比值，反映空调器的节能水平。换言之，空调能效比通常指的是制冷（制热）能效比（EER），可根据制冷（制热）功率与输入功率的比值，估算能效比的大小。例如，一台定速空调器的制冷量是6000 W，制冷功率是2000 W，制冷能效比（EER）就是$\frac{6000}{2000}=3.0$。

三、安装工具

1. 焊炬

焊炬是当内机和外机之间的距离超过厂家附带铜管长度，焊接加长铜管时使用的。铜管连接主要采用焊接以及无火连接两种方式。焊接套装主要包括乙炔气瓶、氧气瓶、焊条、焊炬及连接管，套装如图1-3所示。

2. 剥线钳

在连接电路时，用剥线钳进行线路裁剪及将绝缘层剥离。剥线钳如图1-4所示。

图1-3 焊接套装

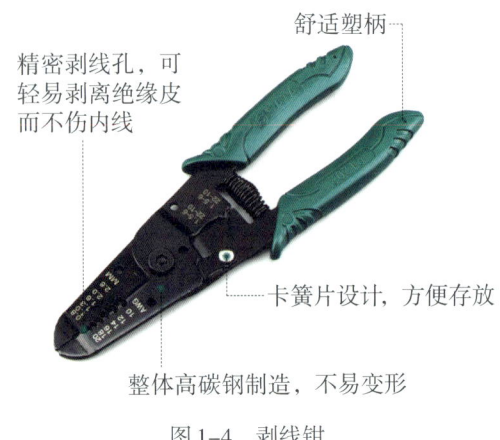

图1-4 剥线钳

3. 冲击钻

安装空调器内机的时候，冲击钻用来在墙上钻孔。使用冲击钻时要谨慎细心，钻孔时尽量使冲击钻垂直于墙面，均匀用力推进。在承重墙上钻孔如遇到钢筋，切不可强行推进，否则会导致钻头断裂，还可能因钻头卡死导致主体旋转造成手臂扭伤。冲击钻如图1-5所示。

图1-5　冲击钻

冲击钻有犬牙式和滚珠式两种冲击结构。滚珠式冲击钻由动盘、定盘、钢球等组成。动盘通过螺纹与主轴相连，并带有12个钢球；定盘利用销钉固定在机壳上，并带有4个钢球，在推力作用下，12个钢球沿4个钢球滚动，使硬质合金钻头产生旋转冲击运动。在使用冲击钻时，如果脱开销钉，使定盘随动盘一起转动，不会产生冲击，可作普通电钻使用。

冲击钻主要适用于混凝土地板、墙壁、砖块、石料、木板和多层材料上的冲击打孔；另外配有电子调速器，具备顺/逆转等功能的冲击钻还可以在木材、金属、陶瓷和塑料上进行钻孔和攻牙。

冲击钻电机电压有0～230 V与0～115 V两种。

1）操作规程

①操作前必须查看电源是否与常规额定电压220 V相符，以免错接到380 V的电源上。

②使用冲击钻前仔细检查机体绝缘防护、辅助手柄及深度尺调节等情况，机器有无螺丝松动现象。

③使用冲击钻时，必须按材料要求，装入ϕ6～25 mm范围内的合金钢冲击钻头或打孔通用钻头，严禁使用超出范围的钻头。

④注意保护好冲击钻导线，严禁拖拽，更不能把电线拖到油水中，避免油水腐蚀电线。

⑤使用冲击钻的电源插座，必须配备漏电开关装置，并检查电源线有无破损现象，使用中发现冲击钻漏电、震动异常、高热或者有异声等情况时，应立即停止工作，找专业人

员及时检查修理。

⑥冲击钻更换钻头时，应使用专用扳手及钻头松紧钥匙，不能使用非专用工具敲打冲击钻。

⑦使用冲击钻时，切记不可用力过猛或出现歪斜操作，事前务必装紧合适钻头并调节好冲击钻深度尺，垂直、平衡操作时要缓慢均匀用力，不可强行使用超大钻头。

⑧熟练掌握顺逆转向控制机构、松紧螺丝及打孔攻牙等功能。

冲击钻具体操作如图1-6所示。

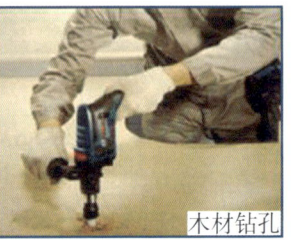

图1-6　冲击钻操作示意图

2）维护与保养

①专业电工要定期更换冲击钻的换碳刷及检查弹簧压力。

②检查冲击钻机身整体是否完好，做好清洁，保证冲击钻转动顺畅。

③由专业人员定期检查手电钻各部件是否损坏，损伤严重不能再用的电钻应及时更换。

④操作过程中，机体螺钉紧固件若出现机身丢失情况，要及时增补。

⑤定期检查传动部分的轴承、齿轮及冷却风叶是否灵活完好，适时对转动部位加注润滑油，以延长手电钻的使用寿命。

⑥使用完毕后，要及时将手电钻归还工具库妥善保管，杜绝在个人工具柜存放过夜。

4. 万用表

常用的万用表有指针式和数字式两种，如图1-7所示。

万用表（其他仪表）使用前必须先检查合格证、检验日期（有效期限）、仪表外观、指针、可使用性。

1）万用表作用

测量交流电压、直流电压、直流电流、电阻等。万用表由磁电式表头、测量电路、转换开关等组成。

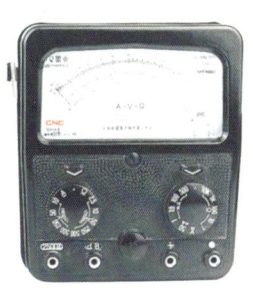  

MF500 型万用表　　　　　MF47 型万用表　　　　　数字万用表

图 1-7　万用表

2）测量

选择合适量程的万用表进行测量，当不能估计被测数值时，从最大量程开始测量。测量前指针没有指在"0"时，必须进行机械调零。另外，指针式万用表在测量直流电压时，允许先试测电压大小。

测量电压、电流时，当被测数值低于下一个小量程时，必须使用较小量程测量。使用数字万用表测量电压时，如果出现负值，则表示万用表的表笔正负极接反。

测量电阻时，测量前必须进行欧姆调零，指针必须置于表盘 $\frac{1}{3} \sim \frac{2}{3}$ 处（数值 5～50），读数才准确。

测量结束后，必须将万用表转换开关调至交流电压最大量程或"OFF"位置；数字万用表的数字仪表必须处于关闭状态。

3）注意事项

①测量电阻时必须停电，有储能元件的线路，应进行充分放电。
②测量时身体不能接触表笔的金属部分。
③长时间不使用时，应取出表内的电池。

4）考核要求

测量设备的交、直流电压值、电阻值。

5. 试电笔

1）作用及使用场合

用来检测低压线路和电气设备是否带电的低压测试器，检测范围为 60～500 V。

2）结构

由氖管、电阻、弹簧、笔身和笔尖组成，如图 1-8 所示。

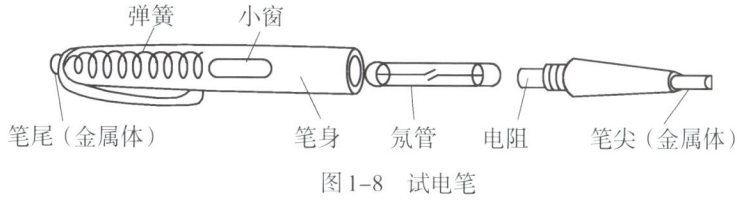

图 1-8　试电笔

3）使用

使用前检查合格证，同时检查内部有无安全电阻，外观是否有破损、生锈、油污和受潮等现象。低压验电器在使用前必须在确有相应电压处试测，确认验电器良好后才能使用。验电时手指与笔尾的金属体接触，不得接触笔前端的金属部分，防止触电。

4）保养

测试完毕后，将验电器保存在干燥处，避免摔碰。

6. 水平尺

1）结构

水平尺中间有一个气泡，使用时只要保持气泡居中即可。原则上，横竖都在中心时，带角度的水泡也自然在中心。水平尺如图1-9所示。

图1-9　水平尺

2）保管

水平尺容易保管，悬挂、平放都可以，不会因长期悬挂、平放影响其直线度、平行度。并且铝镁轻型水平尺不易生锈，使用期间不用涂油，如果长期不用，存放时轻轻地涂上薄薄一层普通工业油即可。

四、空调器安装位置的选择

1. 选择室内机安装位置注意事项

（1）空调器出风口不宜直吹人体，尤其是卧室，出风口不能对着床的范围，以防止睡眠者不舒适，或导致室内居住者着凉感冒。

（2）空调器出风口不宜对着门口，防止开门时冷气过量流失。

（3）空调器室内机尽量靠近室外机的安装位置，节省管长，减小制冷剂流动阻力和冷量损失。

（4）因空调器冷风向下沉，所以一般安装位置不宜低于1 m，但也不宜过高，以免使用不便和下部空气温度偏高。

（5）室内机禁止安装在床头上方位置。

2. 室内机理想安装位置

（1）床的侧面，这样空调器冷气不会直吹睡眠者。

（2）床尾两侧，在这样的位置时要把空调的扇叶拨向外边，不要让冷气吹到睡眠者身上。

（3）床尾正中，也就是正对人的脚和头的位置。处于这样的位置时即使与人有一段距离，也要把空调的挡风板向下调，让空调出风口冷气向下吹，避免直吹到睡眠者身上。

3. 选择室外机安装位置注意事项

（1）空调器尽量避免太阳直射，防止回风温度过高导致制冷效果降低，降低空调器提前老化的风险。

（2）空调器宜安装在房子朝东或朝北位置，因为东北方向太阳辐射较少。如只有南向一面墙，则应加装遮阳板。

（3）空调器不宜与煤炉、燃气灶、暖气设备安装在一起。一是存在很大的安全隐患，二是不利于冷凝器散热。

4. 空调器位置选择不当可能造成的危害

（1）空调冷凝水出现泄漏，给生活带来不便。

（2）出风口在床头，空调器吹出的冷风不可避免直接吹到人体，使人易得空调病。

（3）安全隐患。室内机只是机械性地挂在墙上，若安装在床头，易危害人身安全。

（4）噪声影响。室内机安装在床头噪声大，会影响人的睡眠质量。

（5）不便维修。如果室内机安装在床头，后期的清洗、维护、维修相对费时费事。

操作技能

任务一　认识空调

一、根据国内空调器通用型号描述，解析下列型号的含义

1. KFR-25GW

表示 T1 气候类型，分体热泵型挂壁式房间空调器，包括室内机组和室外机组，额定制冷量为 2500 W。

2. KT3C-35/A

表示 T3 气候类型，整体(窗式)冷风型房间空调器，额定制冷量为 3500 W，第一次改进设计。

3. KFR-80LW/BP

表示T1气候类型，分体热泵型落地式变频房间空调器，额定制冷量为8000 W。

二、根据海信科龙空调器型号描述，说明下列型号的具体含义

1. KFR-26GW/BPS4（dc）

分体热泵型挂壁式变频高效空调器，制冷量为2600 W，第四次改进设计，直流变频压缩机。

2. KFR-71LW/VYA（5）

V系列分体热泵型落地式空调器。初次设计外观，室外机识别代号为k5。

任务二　选购空调器

第一步　根据使用环境选择合适的制冷量。

空调器制冷量的大小不仅与使用效果有关，还与价格、电耗、噪声等有关。空调器制冷量选得太小，室温降不下来，空调器长期不停机，会影响空调器的寿命；选得过大，不仅价格高，增加耗电量，而且噪声会比较大。

选购空调器，可参照表1-3的数据，按照使用场所的类型、面积等情况进行制冷量的计算。根据计算出来的制冷量，选择所需制冷量的空调器及购买的数量。

表1-3　不同场所选择的制冷量

使用场所	所需制冷量/（W·m²）	使用场所	所需制冷量/（W·m²）
普通房间	115～145	电影院、剧院	290
客厅、饭厅	145～175	珠宝店、服装店	160～205
小型办公室	145～165	百货商场	175～220
一般办公室	175～185	银行大厦	162～200
美容美发中心	220～345	会议室、茶座	350～440
博物馆、图书馆	145～175	高级餐馆	200～230

对于普通房间所需制冷量，可以根据参考表1-4估算进行选购。

表1-4 不同房间面积选择的空调制冷量

房间面积/m²	制冷量/W	制热量/W	房间面积/m²	制冷量/W	制热量/W
8	1400	1860	20	3500	4650
9	1600	2100	25	4500	6050
10	1800	2330	30	5000	7000
12	2000	2800	32	5600	7500
15	2500	3500	36	6300	8400
17	3000	4000	40	7000	9300

目前我国的民用建筑单位面积空调冷负荷为150～170 W/m²（在室温为26～28 ℃，室外气温为35 ℃的情况下），若以这个负荷计算，则制冷量为2200 W的空调器，适合14～16 m²的房间。

要求：根据你自己房间的面积，计算购买所需制冷量的空调器。

第二步 根据安装环境，选择室内机。

要求：根据你自己房间的面积，选择室内机的型号。

第三步 查看同等制冷量空调器的性能参数。

选择能效比大、能效等级高的产品。家用空调器的耗电量较高，如果选用能效比大的空调器，其单位功率的制冷量大，可节省电费。如有两台空调器，其中一台制冷量为2000 W，制冷时消耗功率为800 W，另一台同样为2000 W制冷量的空调器，其制冷功率为900 W，两台空调器的能效比分别为2.50和2.22。经比较，前一台空调器节省电能，但是能效比高的空调器相对价格较高，可根据实际需要选择。

要求：在你所选择的室内机基础上，选择性能参数，尤其是能效等级。

第四步 选择品牌型号。

家用空调器要求噪声小、故障率低，否则会给用户生活增添不少麻烦。如选用质量不可靠、性能不稳定的产品，噪声会比较大，而且在使用过程中经常出现故障，尤其在高温天气使用时，天气温度越高，空调器工作的负荷越大，性能不稳定的空调器极易发生故障。综上所述，建议选购国家免检名牌产品。

要求：综合以上四步，你到××商城，选购一款最适合你自己房间使用的空调器。

任务三 分体式空调器室内机的安装

一、检查空调器

1. 外观检查

用户在商场（店铺）购买空调器送货上门时，安装工程师应主动向用户提出检查空调器的要求，并引导用户检查空调器型号是否与购买所选相符，空调器外观是否存在剐蹭、空调器阀门是否存在泄漏、空调器包装运输过程是否有磕碰等肉眼可见的残缺。当型号不符或有残缺，用户有权提出退换货请求。外观检查如图1-10、图1-11所示。

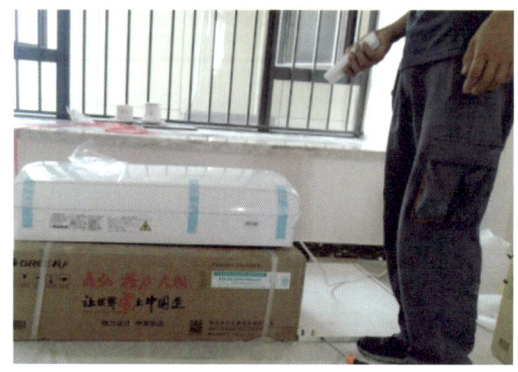

图1-10 空调器整机外观

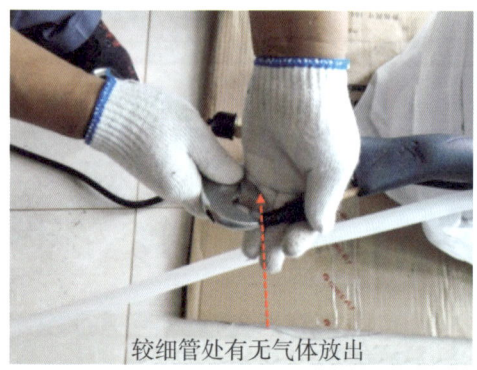

图1-11 空调器排气检测

2. 配件检查

空调器检查既要检查外观，也要清查配件。所有空调器出厂的时候基本上会配齐相应的安装配件并附带发货清单。配件应包含铜管、室内机安装螺钉胶塞、胶布、墙孔泥、墙孔挡板、说明书、遥控器等。如图1-12所示。

图1-12 空调器配件检查

二、安装空调器

室内机安装

室内机的安装首先需要固定室内机背板,然后将室内机挂在背板处即可,室内机背板如图1-13所示。室内机背板的安装首先需要在背板上确定参考点,并测量参考点与室内机边缘的距离,获取了参考点之后再安装背板才可以准确测量室内机与墙体的间距,如图1-14所示。

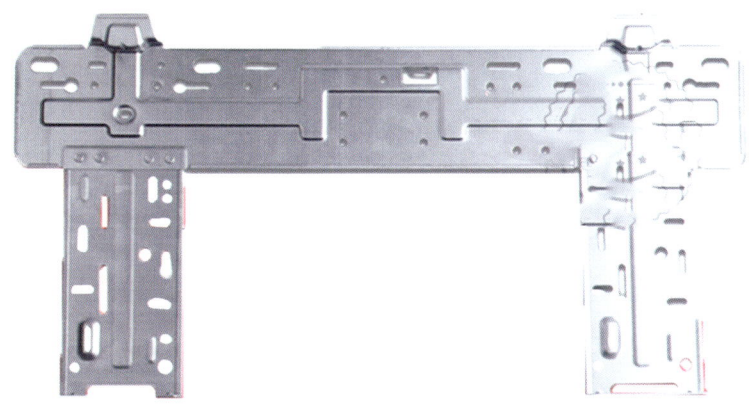

图1-13 室内机背板

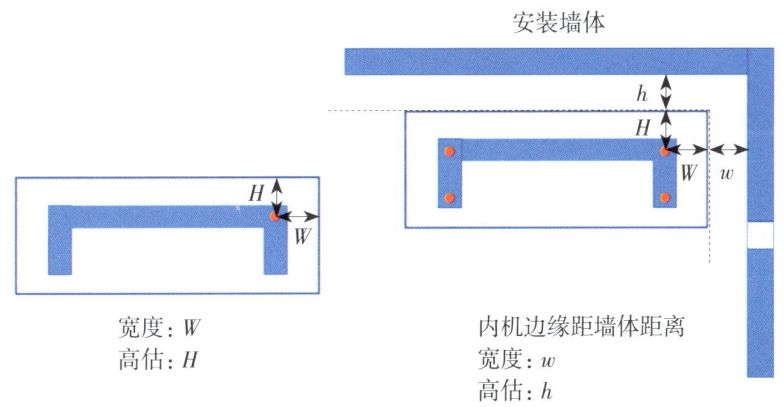

宽度:W
高估:H

内机边缘距墙体距离
宽度:w
高估:h

图1-14 室内机测量间距及参考点确定

挂壁背板距离天花板位置至少15 cm,距墙两侧均为15 cm以上,距离地面230~260 cm。

室内机安装步骤流程如图1-15所示。

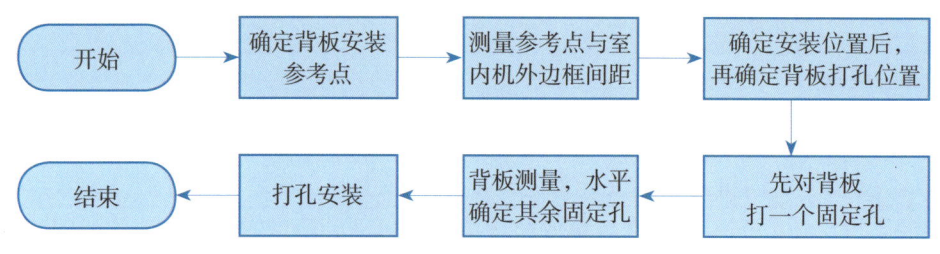

图1-15　安装流程图

注意：打孔时，在墙壁上沿室外侧下倾方向（1°～3°）打一个直径为65 mm的孔。

三、挂入室内机

1. 室内机管道连接

室内机挂入背板前需要连接铜管与排水管，室内机挂入墙孔时，往往空间有限，无法在室内机挂入之后施工，通常需在挂入前完成铜管与排水管的连接。在长度足够的情况下，室内机铜管的连接使用厂家发货附带的铜管与排水管即可，否则必须加长铜管及相关电源线。排水管连接如图1-16所示，铜管连接如图1-17所示。

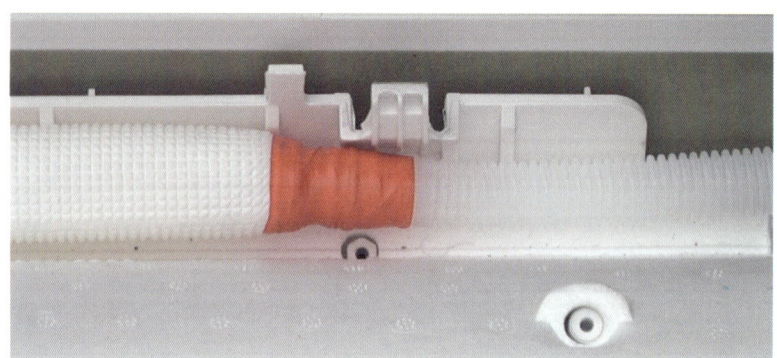

图1-16　排水管连接

图1-17　铜管连接

2. 空调器挂入背板

将连接好管道、线路的室内机小心移入室内，首先将铜管、排水管以及控制线穿出墙孔后将室内机挂入背板，然后使用水平尺测量，校正室内机安装水平位置，在不影响美观的情况下，室内机可向排水口方向倾斜1~2°，以促进冷凝水的排放。

安装好的室内机如图1-18所示。

图1-18　安装完成的室内机

3. 室内机安装流程

室内机的安装流程如图1-19所示。

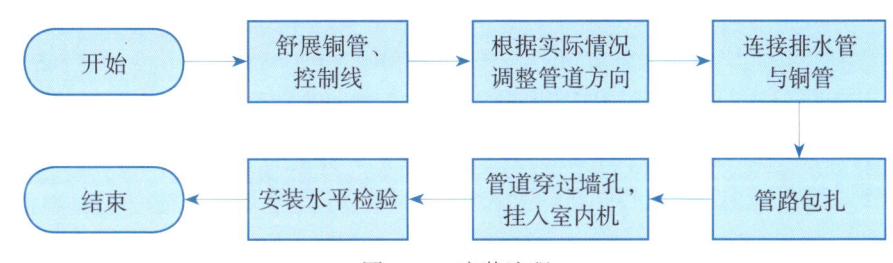

图1-19　安装流程

综合评价

评价项目	评价内容	评价标准	评价方式		
			自我评价	小组评价	教师评价
职业素养	安全意识、责任意识	A. 作风严谨，自觉遵守纪律，出色完成工作任务； B. 能够遵守"8S"管理制度，较好完成工作任务； C. 有忽视规章制度行为，勉强完成工作； D. 不遵守规章制度，未完成工作			
	学习态度主动性	A. 认真听课，积极参与教学活动，无缺勤、迟到、早退现象； B. 有缺勤且达本任务总学时的10%； C. 有缺勤且达本任务总学时的20%； D. 有缺勤且达本任务总学时的30%			
	团队合作意识	A. 与组员协作融洽，团队合作意识强； B. 与组员能沟通，协同工作能力较好； C. 与组员能沟通，协同工作能力一般； D. 与组员沟通困难，协同工作能力较差			
专业能力	学习活动1 明确工作任务	A. 按时完成工作页，正确回答问题，施工步骤清晰； B. 按时完成工作页，问题基本回答正确，了解施工步骤； C. 未能按时完成工作页，有内容遗漏，错误明显； D. 未能完成工作页			
	学习活动2 施工前准备	A. 准确认识施工工具，并能正确使用工具； B. 准确认识施工工具，安全意识较差； C. 对施工工具掌握较差，部分工具不会使用； D. 不认识施工工具			
	学习活动3 现场施工	A. 学习活动评价分为90～100分； B. 学习活动评价分为76～89分； C. 学习活动评价分为60～75分； D. 学习活动评价分为0～59分			
班级			学号		
姓名			综合评价等级		
教师签名			填表日期	年 月 日	

思考题

一、选择题

1. 制冷量是2500 W，制热量是2700 W，冷消耗功率是800 W，能效比EER是（　　）。
   A. 3.125 B. 3.375 C. 0.926 D. 1.08

2. 型号TAC-09CHSA/XAA1I中，09表示（　　）。
   A. 使用气候环境 B. 制冷量 C. 冷媒 D. 电源

3. 空调器按照结构形式分为整体式和分体式，分体式的代号为（　　）。
   A. T B. F C. K D. R

4. 安装位置的选择正确的是（　　）。
   A. 儿童不易触及，安装墙体坚固，不易受到震动，且足以承受机器重量的安装位置。
   B. 机组要安装在各类家用电气的正上方。
   C. 室外机尽量安装在靠窗户旁。

5. 内机挂墙板最少固定（　　）颗分布均匀的螺钉。
   A. 2颗 B. 3颗 C. 4颗 D. 6颗

6. 用户的室内面积为20 m²，购买空调应推荐（　　）。
   A. 1匹空调 B. 1.5匹空调
   C. 2匹空调 D. 2.5匹空调

7. 国家规定多大功率以上的空调必须安装漏电保护器（　　）。
   A. 2匹以上 B. 3匹
   C. 2匹及2匹以上 D. 所有柜机

二、填空题

型号KFR-35GW/YXA（E/6）（00200）中"K"表示＿＿＿＿，"F"表示＿＿＿＿，"R"表示＿＿＿＿，"35"表示＿＿＿＿，"G"表示＿＿＿＿，"W"表示＿＿＿＿。

三、判断题（对打"√"，错打"×"）

1. 安装后现场垃圾应该安排用户清理。（　　）
2. 安装位置应征得用户同意。（　　）
3. 设计安装中应该尽量为用户考虑，选择成本最低的安装方案。（　　）
4. "8S"管理制度应随时随地都要遵守。（　　）
5. 对桌面物品进行区分属于"8S"中的"整顿"。（　　）
6. 商家在出厂前对机器充注氮气而不用氧气或者制冷剂，主要是因为氮气便宜。
（　　）

四、问答题

1. 利用估算法得出某用户房间制冷量为 4200 W，市面上 1.5 匹空调是 3500 W，2 匹空调是 5200 W，如选择 1.5 匹空调用户担心制冷效果不好，选择 2 匹空调用户又觉得有多余的制冷量会造成浪费，担心电费太贵。你如何建议用户呢？为什么？

2. 从制冷效果的角度来看，你建议用户把室内机装在 A 位置最好，但用户觉得 B 位置更美观（但效果较差），那么你如何跟用户进行更深入的沟通来确保制冷效果呢？

学习单元

制作和连接家用分体式空调器管道

学习目标

方法能力目标
1. 能辨别铜管连接使用工具；
2. 掌握铜管制作工具的使用方法；
3. 能掌握铜管弯管制作方法；
4. 了解空调器管道的工艺要求；
5. 熟悉铜管连接工艺与步骤。

专业能力目标
1. 具备独立加工铜管能力；
2. 掌握各种铜管连接工艺技术；
3. 具备空调器安装管道路径走向设计规划能力。

社会能力目标
1. 具备自主学习、独立分析的基本职业素养；
2. 具备团队合作意识和有效沟通能力；
3. 具有良好的职业道德和职业操守；
4. 具备安全、质量、成本、效益等意识。

知识要求

一、铜管连接工艺要求

空调器只有在安装与调试之后，才能形成一个完整的运行系统，安装工艺质量与日后安全使用和空调器寿命有直接影响。因此，行业内有"空调三分质量、七分安装"之说。

要确保安装质量,做好安装前的各类准备工作就显得十分重要,而管道的连接是其中关键。管道连接质量差将会造成制冷剂泄漏,影响制冷效果,也会对环境造成污染。

分体式空调器是由室内机、室外机、连接管道三部分组成,对分体式空调器进行安装,我们要先把室内机和连接管道进行对接,然后完成包扎排水管和管路等工作,具体要求如下:

(1)管道对接分为螺纹连接和气焊焊接,空调器管道一般采用螺纹连接。如果内、外机组位置相距较远,厂家配套管道不够长,则必须通过管道焊接加长来解决,而且管道必须用保温棉进行保温处理,使对接铜管中心线位于一条线上。连接时先用手拧螺母至不能转动,然后用扳手拧紧。

(2)检查水管根部是否松落,排水管和吹塑排水管必须对接到位,并且使用胶带缠绕两次以上。

(3)用专业包扎带对管道、电源线、排水管进行均匀包扎处理,包扎过程中确保水管不出现扭曲、缠绕等情况。

二、铜管连接专用工具

空调器安装经常采用铜管连接来解决实际问题,铜管连接专用工具主要有割管器、倒角器、扩管器、弯管器等,下面我们逐一识别并掌握其使用方法。

1. 割管器及其使用方法

1)割管器

一般情况下,钢管用钢锯进行切割,铜(铝)管用割管器进行切割。割管器种类很多,如图2-1所示。常用割管器结构如图2-2所示。

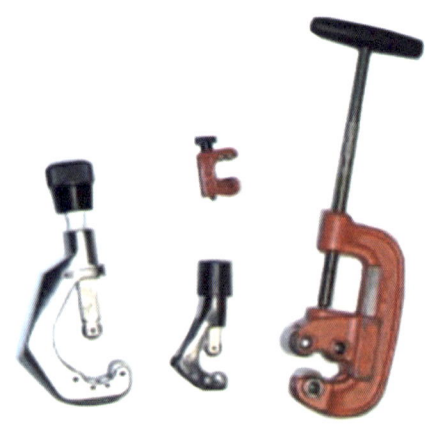

图2-1 割管器种类

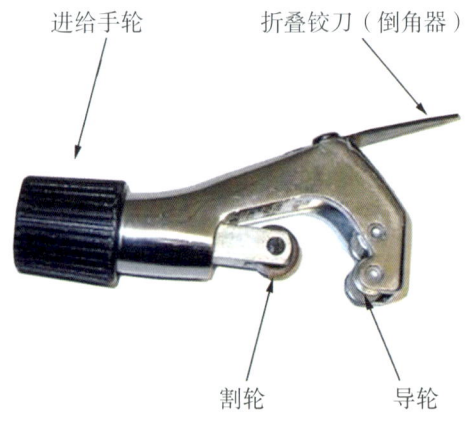

图2-2 割管器结构

2）割管器的使用（如图2-3～2-5所示）

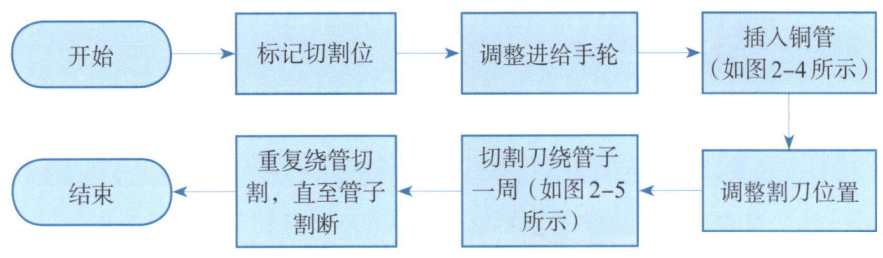

图2-3　割管器操作流程图

图2-4　插入铜管示意图　　　　　　　图2-5　割管器使用示意图

铜管切割后，对剩余的盘管进行密封保护处理，如图2-6所示。储存铜管的时候，铜管不能折叠，不能没有密封保护，如图2-7所示。

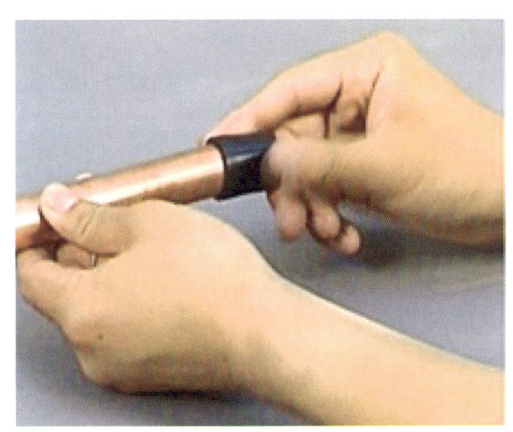
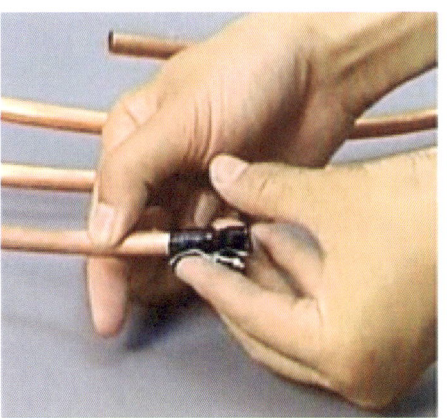

图2-6　管道端口密封

图 2-7　错误储存铜管方法

2. 倒角器具的使用方法

切割后的铜管切口处会发生向内收缩、内外径变小卷边（毛刺）现象，如图 2-8 所示。卷边（毛刺）不仅影响后面工序的加工质量，而且不利于管子之间的相配连接，对流经此处的制冷剂产生不良影响。因此，技术人员通常用专用倒角器或大割刀上附带的简易片状倒角器进行修整。

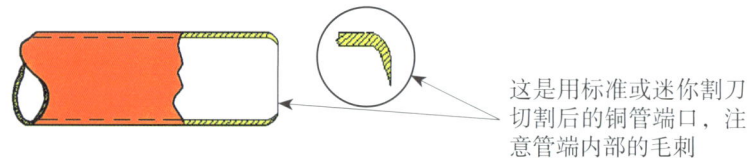

图 2-8　割断后的铜管断面处卷边（毛刺）

倒角器具是切割加工过程中，用于去除铜管内凹收口和毛刺的专用扩口工具。不同种类的倒角器如图 2-9 所示。

图 2-9　倒角器（铰刀）种类

修整时，将倒角器插入管内，以刀片对称线为轴线来回转动清除卷边（毛刺），如图 2-10 所示。修整后可达到比较理想的形状，如图 2-11 所示。

图 2-10　用不同倒角器清除毛刺

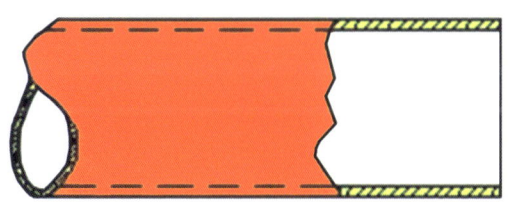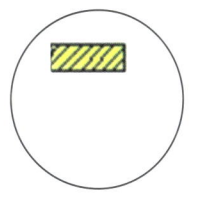

图 2-11　通过倒角器修正后的形状

3. 扩管器及其使用方法

空调产品制冷系统各部件主要通过铜管连接组成，管径相同的管道连接和管道与零件的连接都需要对铜管进行扩口，扩口质量的好坏直接影响设备是否能正常使用。因此，我们必须不断提高扩管工艺技术水平。扩管器是铜管扩口的专用工具，其结构如图 2-12 所示。

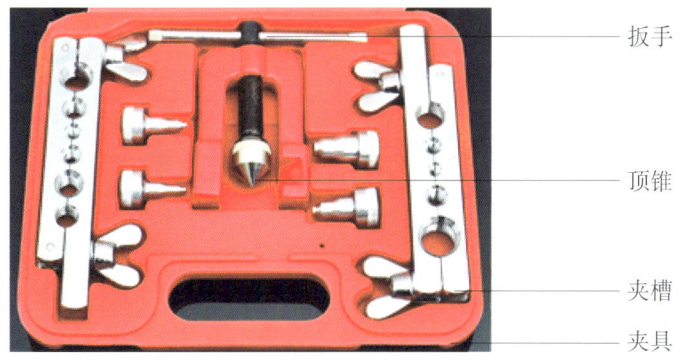

图 2-12　扩管器结构

扩管的时候，将已退火且割平的管口去掉毛刺，放入与之管径相同的孔中，将扩管工具两头的螺母旋紧，把铜管夹紧固牢，然后用顶压器的锥形支头压在铜管口上，其弓架脚卡在扩管夹具内，慢慢旋动螺杆，使管口挤压出相应的形状。

4. 弯管器及其使用方法

弯管器是弯曲管径小于 20 mm 的铜管专用工具，其结构如图 2-13 所示。使用时，选取拟弯铜管半径一致的弯管器，确定最小弯曲半径在铜管直径的 5～10 倍范围之间，测量好弯管器的弯曲半径 R 和弯曲的起始点，根据实际情况增加或减少弯曲半径，并在确定好的位置做好标记，如图 2-14 所示。然后将铜管按照确定好的最小半径放入导槽内，手握活动手柄平稳转动，直至弯曲到所需的角度即可。操作时需用力均匀，避免出现死弯。弯曲不同角度可由弯管角度盘来确定。

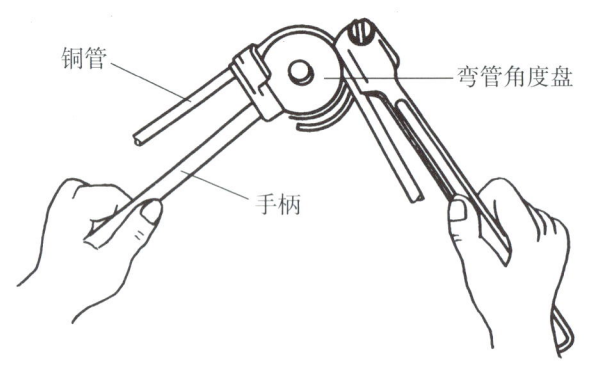 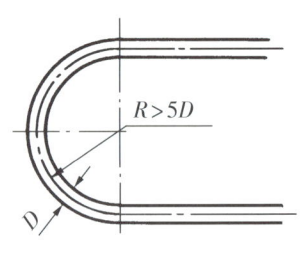

图 2-13　弯管器的结构　　　　　　　图 2-14　弯管的最小弯曲半径

在空调器中，热交换器通常制成蛇管形状，这些蛇形管是用不同直径的铜管以机械或手工方式弯折加工而成的。手工弯制小管径紫铜管主要使用杠杆式弯管器、块弯管器和弹簧式弯管器，如图 2-15 所示。

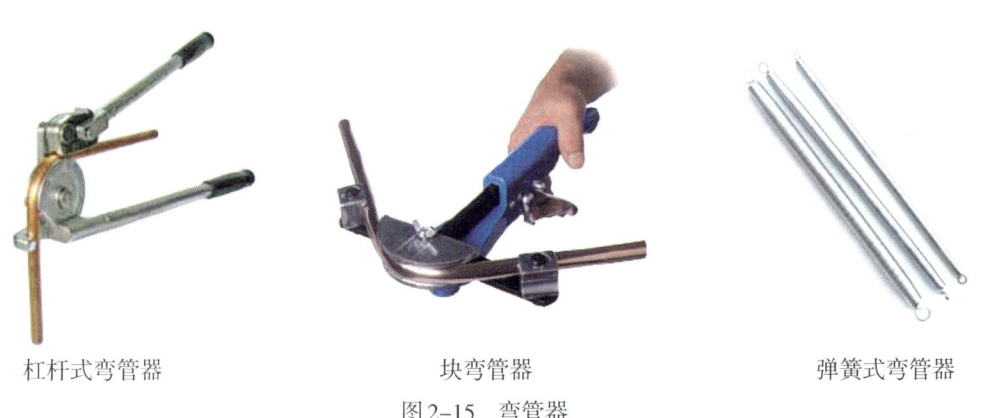

杠杆式弯管器　　　　　　块弯管器　　　　　　弹簧式弯管器

图 2-15　弯管器

5. 杠杆式弯管器的使用

利用杠杆式弯管器弯管，需先将已退火的管子放入弯管工具的轮子槽沟内，将槽管沟锁紧（即锁上搭扣），慢慢旋转杆柄，直到弯至所需的角度为止，然后将弯管退出模具。调整轮子上的角度尺可弯不同角度的管。操作时用力要均匀，使用活动手柄平稳转动，以防止管子出现死弯或裂纹，如图2-16所示。

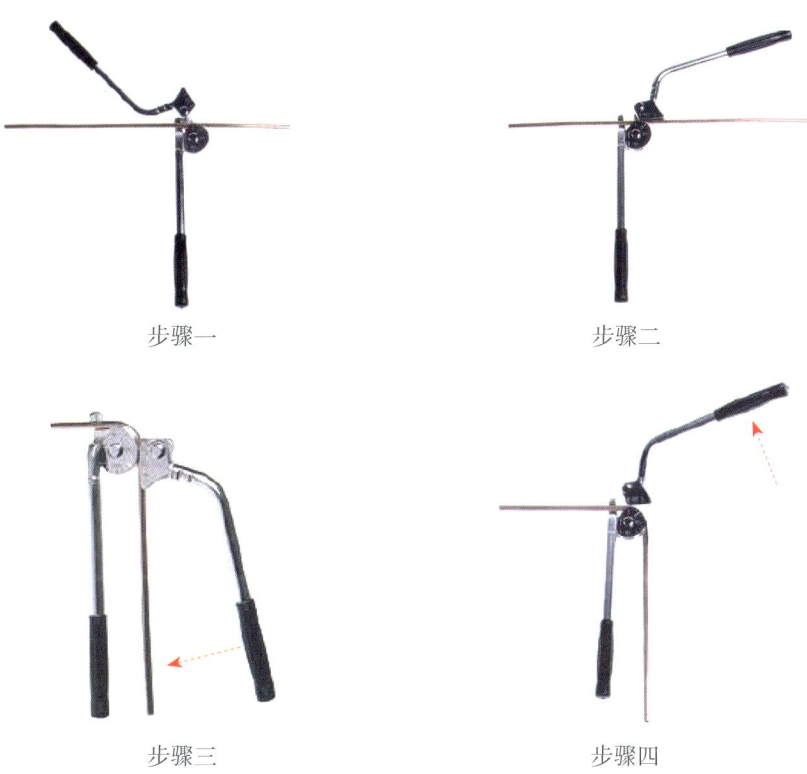

图2-16 杠杆式弯管器的使用

6. 氧气-乙炔焊接设备组成

氧气-乙炔焊接设备主要由氧气瓶、乙炔瓶、氧气减压器、乙炔减压器、氧气输气胶管、乙炔输气胶管和焊枪等7部件组成，如图2-17所示。

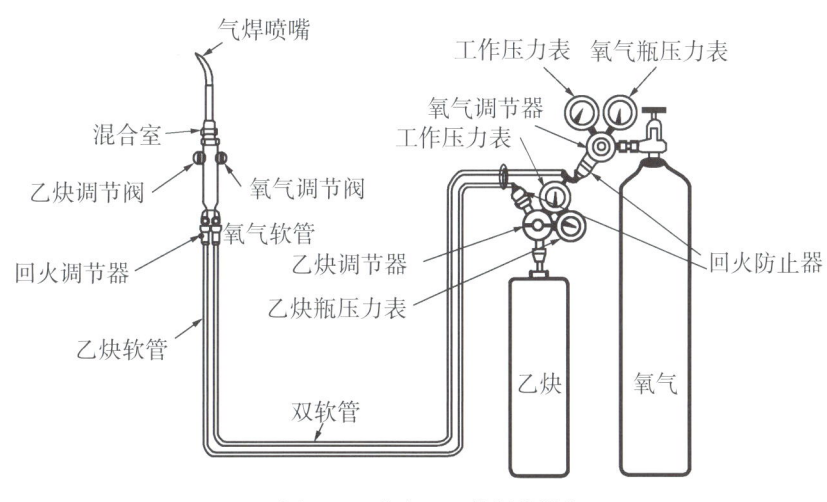

图2-17 氧气-乙炔焊接设备

操作技能

家用分体式空调器管道制作与连接

一、铜管制作

1. 杯形口制作

扩管器是铜管扩口的专用工具,前面我们已掌握了扩管器的使用,其操作如图2-18所示。

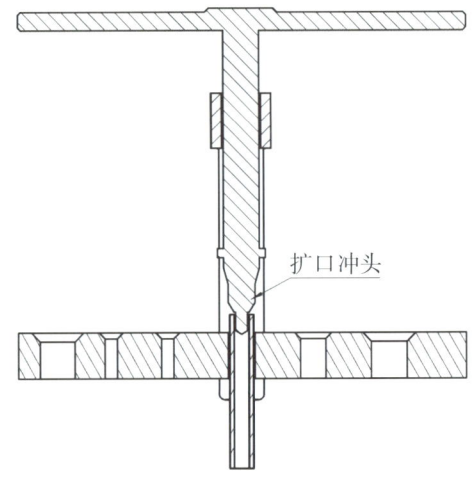

图2-18 扩管器操作示意图

2. 杯形口扩管器的使用方法

将扩口端已退火的铜管夹入相应的夹具孔内,铜管露出夹具部分的高度略大于铜管直径,用台虎钳将夹具夹紧,然后取相应的扩管冲头,用锤子轻轻将冲头敲入铜管内,边敲边检查扩口的管壁厚度是否均匀。要避免一下子将冲头敲到底,造成管壁破裂。对于较小的铜管,可将扩管锥头换成扩口冲头进行操作,不同扩口冲头如图2-19所示。

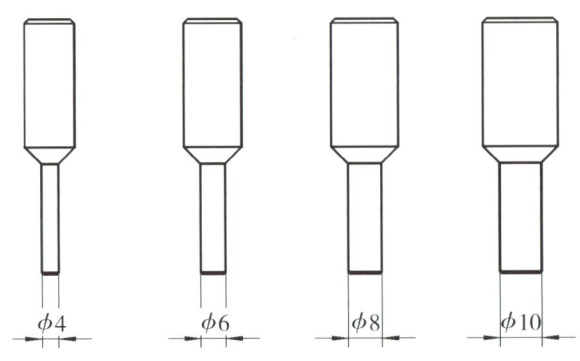

图2-19 各种规格的扩口冲头

3. 杯形口制作要求

（1）先去除毛刺，保证管壁厚度均匀。

（2）扩胀后保持同心度。

（3）确保无褶皱，无裂纹，如图 2-20 所示。如果操作不当，会造成杯形口不合格，如图 2-21 所示。

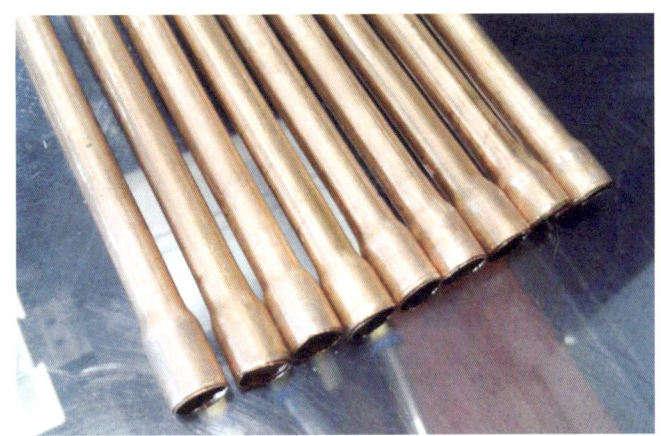

图 2-20　合格的杯形口

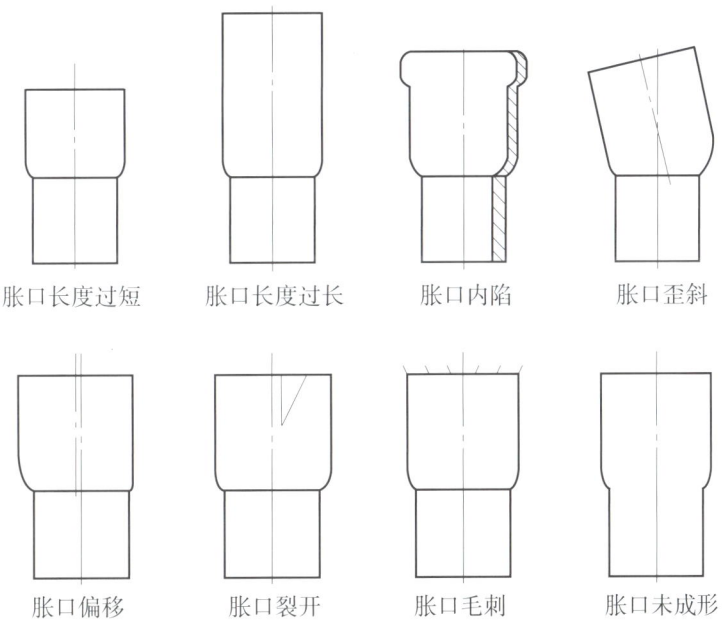

图 2-21　不合格的杯形口示意图

二、铜管焊接

（1）将连接铜管及其配件放到稳固、安全的工作台上，并将操作过程中需用的尖嘴钳、焊料等备好放在工位旁边。

（2）检查安全装置是否完好。

（3）缓慢打开氧气瓶阀门，经降压后压力控制在 0.5 MPa 左右，确认焊枪射吸能力后，将乙炔胶管接在乙炔管接头上，并用铁丝或管卡夹紧。

（4）缓慢打开乙炔气瓶阀门，检查各连接处是否有泄漏。

（5）在穿好防护服（必须长袖），戴上焊接手套并戴好防护眼镜后，微开氧气调节阀，打开乙炔调节阀，然后点火并相应调节火焰的大小和形状。火焰方向如图 2-22 所示。

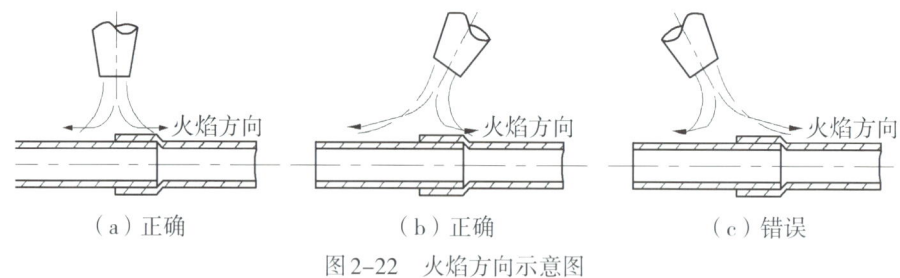

（a）正确　　　　　　　　（b）正确　　　　　　　　（c）错误

图 2-22　火焰方向示意图

（6）用碳化焰对铜管进行加热，先加热内管，然后加热外管，直到铜管"烧红"，调小火焰保温。

（7）利用铜管的热量熔化铜焊料并填充缝隙，同径管焊接操作如图 2-23 所示。

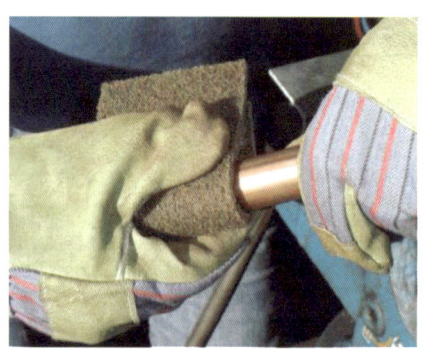

步骤一：清洁铜管

步骤二：连接好铜管

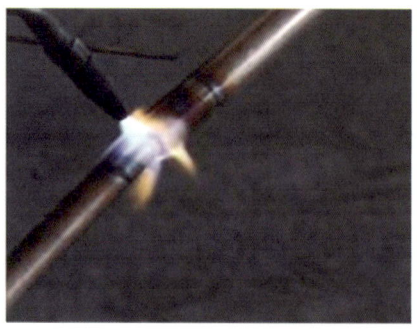

步骤三：铜管预热

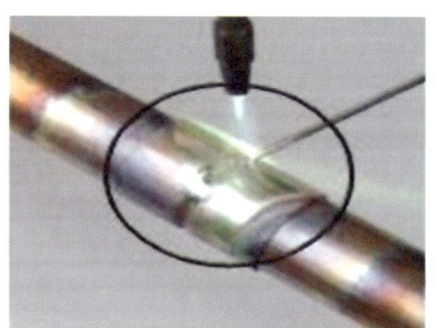

步骤四：铜管焊接

图 2-23　同径管焊接示意图

（8）关闭乙炔调节阀，然后关闭氧气调节阀。

（9）在保证焊接口已经完全冷却的情况下，用百洁布对焊接完毕后的铜管进行氧化皮清洁，观察焊接口是否满足以下要求：

①焊接口完整，无缝隙；

②焊接口平整，钎料均匀，无砂眼；

③接位的焊料适当，用手触摸时平滑，无明显粗糙的触感。

（10）用水冷却焊嘴，收拾焊具，并将氧气瓶阀门和乙炔气瓶阀门关闭，检查现场，确认没有安全隐患后方可离开。

三、制作喇叭口并连接管道

扩管时，将已退火且割平的管口去掉毛刺，放入与之管径相同的孔中，管口朝向喇叭面，铜管露出喇叭口斜面，保持露出部分高度为管径的$\frac{1}{3}$；将扩管工具两头的螺母旋紧，使铜管紧且牢固，然后用顶压器的锥形支头压在管口上，其弓架脚卡在扩管夹具内，慢慢旋动螺杆，使管口挤压出喇叭口形。为了保证扩管的质量，对不同管径的铜管露出的高度有一定的要求，如表2-1所示。旋进螺杆的时候不要过分用力，以免顶裂铜管。一般每旋$\frac{3}{4}$圈后再倒旋$\frac{1}{4}$圈，这样反复操作直至扩制成形，如图2-24所示。

表2-1 扩管时铜管露出的高度

铜管外径尺寸/mm	露出高度/mm
$\phi 6 \sim \phi 8$	2.5～3.0
$\phi 9 \sim \phi 11$	3.1～4.0
$\phi 12 \sim \phi 16$	4.0～4.5

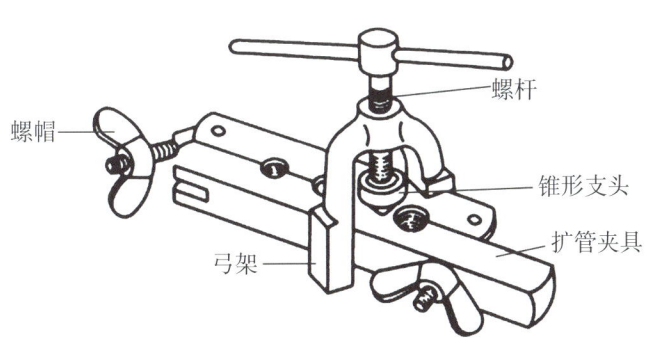

图2-24 扩管器的使用示意图

观察扩管后铜管周边是否有毛刺，喇叭口是否圆正、光滑、没裂纹，并用相应的螺母套上钢管，尝试上下移动，看看是否畅顺，然后用对应的螺丝接头校喇叭口的大小是否正确，如图 2-25 所示。喇叭口的口径大小是螺丝接头直径的 50%~90%，不合格产品如图 2-26 所示。不同状态的喇叭口连接情况如图 2-27 所示。

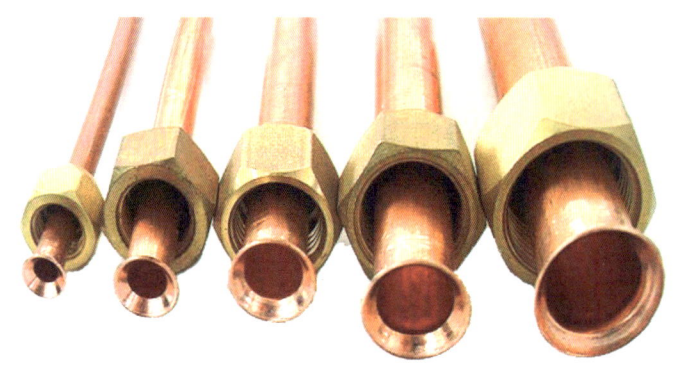

图 2-25　喇叭口

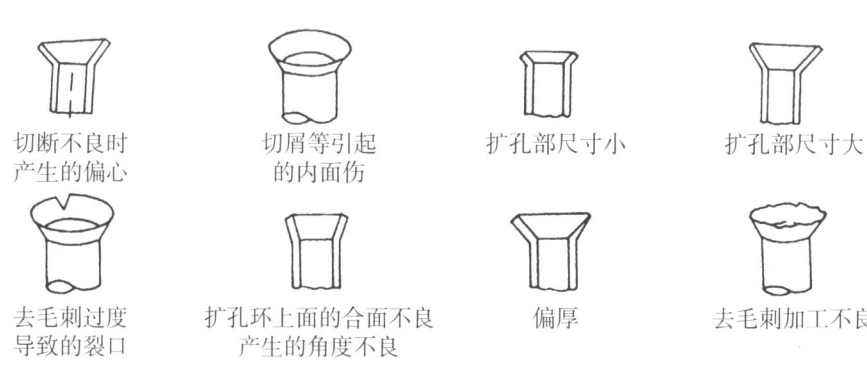

图 2-26　不合格的喇叭口示意图

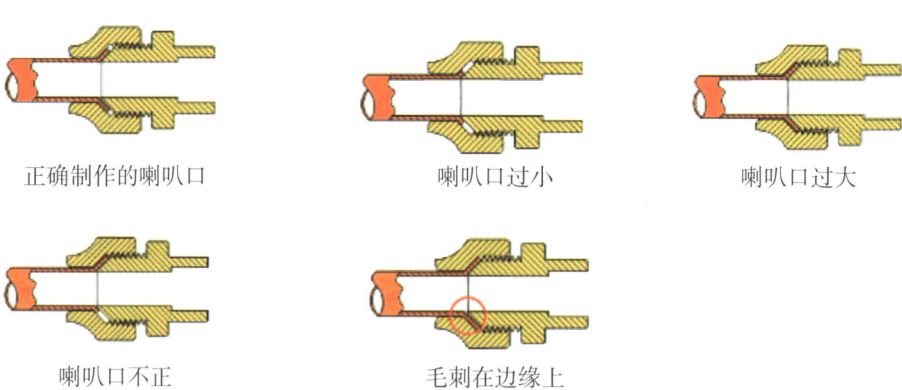

图 2-27　不同状态喇叭口连接示意图

综合评价

评价项目	评价内容	评价标准	评价方式		
			自我评价	小组评价	教师评价
职业素养	安全意识、责任意识	A. 作风严谨,自觉遵守纪律,出色完成工作任务; B. 能够遵守"8S"管理制度,较好完成工作任务; C. 有忽视规章制度行为,勉强完成工作; D. 不遵守规章制度,未完成工作			
	学习态度主动性	A. 认真听课,积极参与教学活动,无缺勤、迟到、早退现象; B. 有缺勤且达本任务总学时的10%; C. 有缺勤且达本任务总学时的20%; D. 有缺勤且达本任务总学时的30%			
	团队合作意识	A. 与组员协作融洽,团队合作意识强; B. 与组员能沟通,协同工作能力较好; C. 与组员能沟通,协同工作能力一般; D. 与组员沟通困难,协同工作能力较差			
专业能力	学习活动1 明确工作任务	A. 按时完成工作页,正确回答问题,施工步骤清晰; B. 按时完成工作页,问题基本回答正确,了解施工步骤; C. 未能按时完成工作页,有内容遗漏,错误明显; D. 未能完成工作页			
	学习活动2 施工前准备	A. 准确认识施工工具,并能正确使用工具; B. 准确认识施工工具,安全意识较差; C. 对施工工具掌握较差,部分工具不会使用; D. 不认识施工工具			
	学习活动3 现场施工	A. 学习活动评价分为90~100分; B. 学习活动评价分为76~89分; C. 学习活动评价分为60~75分; D. 学习活动评价分为0~59分			
班级			学号		
姓名			综合评价等级		
教师签名			填表日期	年 月 日	

思考题

一、判断题（对打"√"，错打"×"）

1. 中性火焰适合钎焊铜管与铜管、钢管与钢管。（   ）
2. 氧气输气胶管应为黑色，乙炔输气胶管应为红色。（   ）
3. 焊接火焰大小是通过调节焊枪的乙炔调节阀和氧气调节阀的开启度来实现的。（   ）
4. 焊炬的焊嘴清洗，必须用专用的清洗针进行，不能用其他物体代替。（   ）
5. 毛细管与干燥过滤器焊接时，要注意毛细管的插入深度。（   ）
6. 在实训工场内工作时，要保持安静，不大声喧哗、嬉笑和吵闹，不做与实训无关的事。（   ）
7. 发给个人的实训（实习）工具，可以任意支配和使用。（   ）
8. 集体使用工具，必须办理借用手续，用后即还。（   ）
9. 实训（实习）设备、仪表、工具一定要做到经常保养。（   ）
10. 任何机器、设备、工具在使用前一定要认真检查，发现问题应立即停用。（   ）

二、填空题

1. 制冷设备维修工常用的铜管制作工具有：_____、_____、_____等。
2. 氧气-乙炔气焊火焰一般分：_____、_____和_____。
3. 进行气焊作业时，对气焊火焰的一般要求是：①_____；②_____；③_____。
4. 氧气-乙炔焊接设备主要由_____、_____、_____、_____、_____和_____等7部件组成。
5. 熄火操作的具体顺序：①_____；②_____。
6. 焊接时，氧气压力通常采用表压力_____MPa，乙炔气压力通常采用表压力_____MPa。

三、问答题

1. 怎样正确选用氧气-乙炔焊接设备？
2. 使用氧气-乙炔焊接设备焊接时应注意什么？

学习单元 3

安装家用分体式空调器室外机

学习目标

方法能力目标
1. 能够准确通读任务工单和完成现场勘察；
2. 能够明确工作任务要求；
3. 能够在施工环境中选择室外机最佳安装位置；
4. 能够单独策划空调室外机安装方案；
5. 熟悉连接工艺与步骤。

专业能力目标
1. 熟练掌握室外机的具体安装步骤；
2. 理解掌握室外机安装工艺要求；
3. 掌握室外机安装位置选择要求；
4. 具备室外机安装操作能力；
5. 具备室外机工艺检查能力。

社会能力目标
1. 具备自主学习、独立分析的基本职业素养；
2. 具备团队合作意识和有效沟通能力；
3. 具有良好的职业道德和职业操守；
4. 具备安全、质量、成本、效益等意识。

知识要求

一、室外机安装方式选择

分体式空调器是目前家用空调的主流选择，在选购空调的时候，人们不仅仅要考虑空调的性能，还要考虑空调的安装位置。所以在购买空调时不仅要考虑室内机，还要兼顾室外机的尺寸，合适的室外机不仅可以减少安装的烦恼，还可以美化建筑的外观。

不同品牌的室外机存在细微差异，同一品牌家用空调器的室外机尺寸相差不大。常见家用空调的国产品牌有格力、海尔、美的、海信等，进口品牌有松下、日立、三星、LG、三菱重工等，这些品牌的室外机尺寸仅相差 1～10 cm。空调器的功率不同尺寸也不同，1 匹分体式空调适用于 10～17 m^2 面积，其室外机最大宽 × 高 × 深尺寸为 850 mm × 570 mm × 320 mm；1.5 匹分体式空调器适用于 15～25 m^2 面积，其室外机最大宽 × 高 × 深尺寸为 850 mm × 640 mm × 320 mm。安装位置只要满足这个尺寸需求，均可以进行室外机安装。常见的室外机安装方式有以下三种。

1. 支架安装方式

支架安装是最为常用的安装方式之一，一般用于自建房，如图 3-1 所示。安装时，在室外墙面首先安装空调室外机支架，注意一定要安装在承重墙上，然后把空调室外机固定在支架上，空调支架的质量是保障空调器安全的关键。

图 3-1　支架安装室外机

2. 建筑物预留位置安装方式

安装在建筑物预留位置也是最为常用的安装方式之一，一般多见于住宅小区，如图 3-2 所示。安装时，把室外机安放在该位置并固定好即可。这种安装方式不会改变小区外观，但在安装前，我们要估算预留位置的承重是否确实可支撑起室外机的重量，否则将会出现坠落的危险情况。

图 3-2　预留空调位置安装

3. 平台安装方式

平台安装一般在店铺或楼顶安装较多,如图3-3所示。室外机安装在地面或楼顶平台时,为了安全一般要求安装防护网,确保室外机运行的时候避免对行人(特别是小孩)造成伤害。

图3-3　平台安装

根据我国《国家空调安装标准》,室外机安装与地面的距离应高于2.5 m,且不得占用公共人行道以及建筑物内部过道、楼道、出口等公用地方。室外机应尽可能远离邻居住户的门窗和绿色植物,与对方门窗距离不得小于3 m。如果安装空间确实过于狭小,不利于散热,则需要用排风管将空调室外机水平空气引导为上升空气,如图3-4所示。

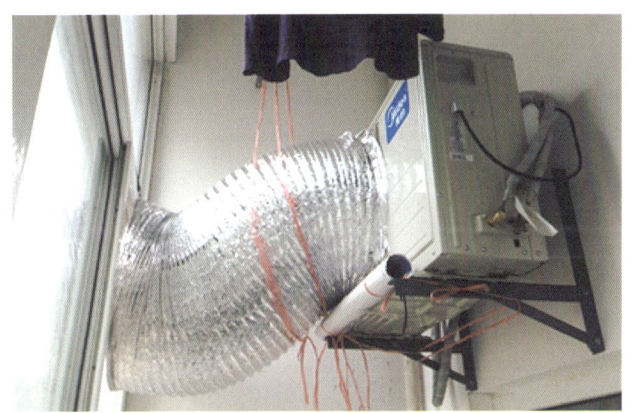

图3-4　安装排风管

整个安装工作任务在组内进行分工,确保每个人分工明确,任务分配平衡(表3-1)。

表3-1　分体式空调室外机安装分工明细表

组员序号	项目	负责人
1	空调室外机检查	
2	现场勘察	

续上表

组员序号	项目	负责人
3	确定空调安装方式	
4	安装工具准备	
5	安装零件清点	
6	防护工具准备	
7	防护工具清点	
8	安装位置确认	
9	安装支架	
10	支架安装位置验收	
11	安装室外机	
12	室外机安装验收	
总负责人：	日期	年　月　日

二、室外机安装位置选择

分体式空调器室外机的安装有位置选择、支架固定、连接室内机等环节，任何环节处理不当都将影响空调器的使用效果和寿命。

安装室外机时，要确保预留位置有足够的承重能力来支撑室外机，否则存在坠落的安全隐患，同时还要考虑有足够的空间放置室外机。

空调器室外机安装好后，如条件允许可在室外机上面装上一个盖子，如图3-5所示。因为室外机遭风吹日晒，如果没有盖子遮护，空调器的使用寿命将受到影响，而且还会经常出现故障。但是在装盖子的时候，千万不能挡住空调器室外机的散热口，否则会提高空调器的耗电量，并影响空调器的工作性能。

图3-5　空调安装雨阳棚

1. 室外机选择安装位置注意事项

室外机安装位置首选通风良好、维护方便的地方。不要安装在阳台里面，否则会因通风散热不好，影响制冷效果，甚至会由于过热造成电路短路而烧坏压缩机。

（1）冷凝器的背面和侧面应距障碍物 20 cm 以上，正面应距障碍物 40 cm 以上。如果室外机安装位置距离障碍物太近，将带来诸多不便，如图 3-6 所示。

图 3-6　安装位置距离障碍物太近

（2）室外机宜安装在坚固的墙面或阳台地板上，以减少振动。一般空调器出厂时提供的制冷管路长度是 3～4 m，室外机应尽可能靠近室内机，以减少管道阻力和制冷剂的损失。

（3）室外机的安装应尽量避开恶劣环境影响，如油烟重、风沙大的位置，以及阳光直射或高温热源的地方。油烟、风沙极易损坏空调，应尽量避免空调器与其接触，而直射的阳光或高温热源会降低制冷效果。

（4）室外机的安装高度应低于室内机的高度，以保证润滑油能够流回压缩机。如特殊情况需要安装在高于室内机的位置，在室外机压缩机出口必须设置回油弯。

2. 室外机安装注意事项

（1）安装人员必须经过培训，持证上岗，且至少有 1 年工作经验。

（2）安装支架的承重能力不低于 180 kg，且不低于室外机自重的 4 倍，如图 3-7 所示。安装架和安装面之间必须连接牢固、稳定可靠。

图 3-7　安装支架

（3）预留充足空间安装室外机，如图 3-8 所示。室外机与地面的距离应高于 2.5 m，且不得占用公共人行道。室外机进空气的侧面及后面应留有 10 cm 以上的空间，前面排风方向空间距离应在 70 cm 以上。

图 3-8　正确安装预留空间

（4）注意空调器排放的冷凝水、排出的空气和发出的噪声不能影响他人的正常工作和生活。室外机应尽量远离邻居住户的门窗和绿色植物，与对方门窗距离不得小于 3 m。

（5）无论是室内机还是室外机的安装，安装人员都要做好安全防护措施。特别是安装室外机的时候，防护措施极其重要。在安装室外机时，安装人员必须系好安全带。室外机搬上机架并安装时，必须在房间固定位置系牢安全绳。安装人员在安装时必须将工具抓牢，防止工具坠落伤人伤物。

三、安装工具

1. 水平尺

在学习单元 1 已介绍过水平尺的结构、使用与保管等内容，在此不再赘述。

2. 扳手

扳手开口尺寸必须与螺栓或螺母的尺寸相符，开口尺寸过大容易滑脱并损伤螺件六角。在选用各类扳手时，一般首选梅花扳手，其次开口扳手，最后选活动扳手。扳手种类如图 3-9 所示。

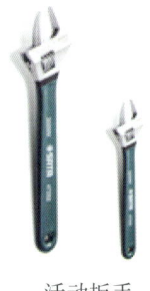
活动扳手

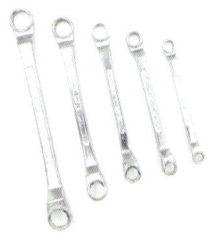
梅花扳手

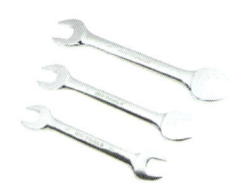
开口扳手

图 3-9　扳手种类

为防止扳手滑脱和损坏，要尽量使拉力作用点位于开口较厚的位置，受力较大的活动扳手尤其要注意这一点，若开口出现"八"字形，会损坏螺母和扳手。

操作扳手时，遇到难以拧松的螺丝、螺母，不能用手锤或用其他物件击打扳手。除套筒扳手外，其他扳手不能套装加力杆，以防损坏扳手或螺丝连接件。

3. 内六角扳手

内六角扳手是扳手中常见的一种，是拧紧螺丝、螺母的常用工具，因紧固件规格不同，内六角扳手规格也比较多。内六角扳手可用于装拆大型六角螺丝或螺母，外线电工可用它装卸铁塔之类的钢架结构。内六角扳手的使用方法是将六棱头放在螺丝内六角槽中，顺时针紧固螺丝，逆时针松动螺丝。在空调器安装过程中，内六角扳手主要用来打开或关闭分体式空调器室外机的气阀和液阀。

4. 压力表

压力表是空调器氟利昂制冷系统中用以检测的工具，规格众多，根据不同的制冷剂，可选择不同压力区段的压力表。

低压压力表在空调系统中的正常压力区段为 –0.1～1.5 MPa，高压压力表在空调系统中的正常压力区段为 –0.1～4.0 MPa 或 –0.1～6.0 MPa。

压力表通常与三通修理阀配套使用。使用前，要根据压力的实际情况和被检测物体的种类选择合适的压力表及软管。使用方法：将压力表的开关打开，软管分别接到室外机维修阀头，连接时，蓝色软管连接空调器低压管，红色软管连接空调器高压管，黄色软管连接制冷剂钢瓶或真空泵，如图 3-10 所示。

R22 制冷剂的低压范围约为 0.5～0.6 MPa，高压范围约为 1.3～1.8 MPa。R410A 制冷剂的低压范围约为 0.8～1.0 MPa，高压范围约为 2.0～2.8 MPa。

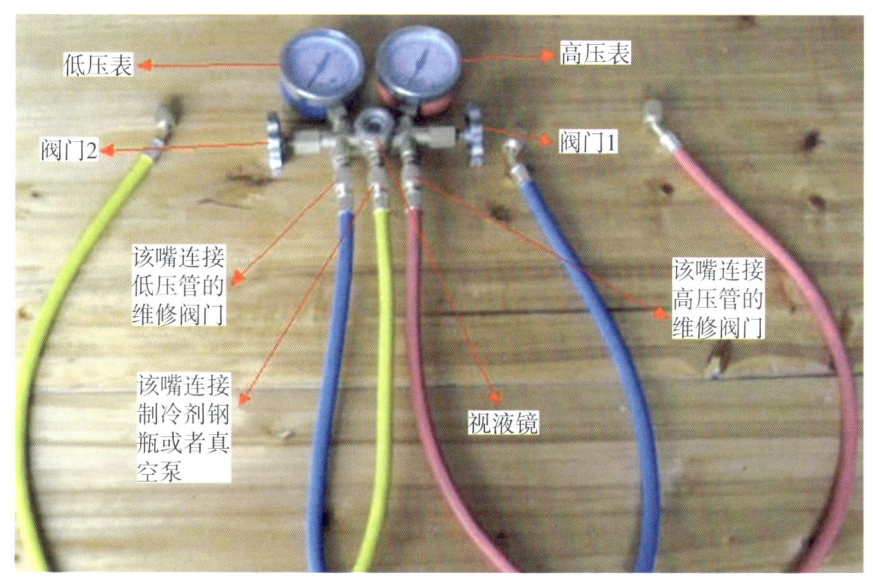

图 3-10　压力表

5. 真空泵

真空泵是用来从真空室中抽除气体分子，降低真空室内的气体压力，使真空室达到所需真空度的设备。常用的为旋片式结构真空泵。真空泵连接操作如图3-11所示。

图3-11　真空泵连接操作示意图

6. 安全带

安全带是高处作业人员预防坠落的防护用品，有较多空调安装维修人员称之为"救命带"。安全带由带子、绳子和金属配件组成（如图3-12所示）。安全带的作用是当高空作业人员因意外发生坠落后可以将作业人员安全悬挂，保护作业人员不受伤害。

1）安全带穿戴方法

①握住安全带的背部D型环，抖动安全带，使所有编织带回到原位。检查安全带各部分是否完好无缺。阅读标签，确认尺寸是否合适。

②如果胸带、腰带或腿带的带扣没有打开，请解开编织带或解开带扣。

③把肩带套到肩膀上，让D型环处于后背两肩中间的位置。

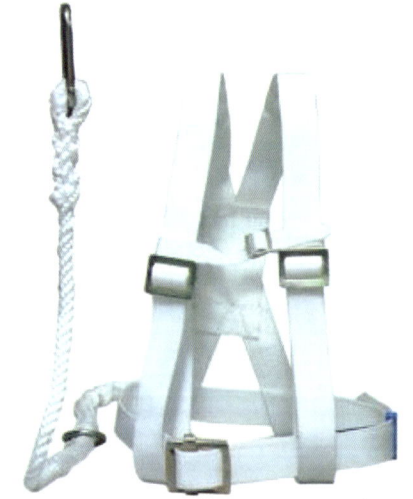

图3-12　安全带

④从两腿之间拉出腿带，一手拿着腿带后端口，一手拿着前端口，绕过大腿扣紧前后端口，用同样的方法扣好另一腿带。如果配有腰带，须扣好腿带再扣腰带。

⑤扣好胸带并将其固定在胸部中间位置，拉紧肩带，将多余的肩带穿过带夹，以防松脱。

⑥当所有编织带和带扣扣好后,收紧所有的带扣,让安全带尽量贴近身体,但不能过紧,以免影响操作。最后将多余的带条穿到带夹中防止松脱。

安全带正确穿戴如图3-13所示。高空安全带的质量,直接关系到使用者的生命安全,要选择安全系数高的安全带,并妥善保管,存放于室内干燥、通风的地方。

图3-13　安全带正确穿戴示意图

2)使用安全带的注意事项

①每次使用前,应该查看安全带的标牌和合格证。看看安全带是否合格,缝线的地方是否牢固,金属件是否齐全,是否有损坏。安全带使用比较频繁时,要及时检查是否有损坏。

②在使用的时候,安全带一定要高挂低用,将其拴挂在牢固的构件或物体上,不仅要防止安全带随便摆动,还要避开周围尖锐物,以免损坏安全带。

③温度较低的时候,要注意防止安全带因温度过低变硬而断裂。

④使用超过两年的安全带,要及时检查是否合格,如存在问题要及时更换。安全带的保质期一般在三年到五年,过期必须更换,不能再继续使用。

7. 冲击钻

在学习单元1已介绍过冲击钻的使用、保管等内容,在此不再赘述。

 操作技能

分体式空调器室外机安装

一、检查室外机

打开包装,仔细检查外观是否有破损,如有明显的破损,则存在受过剧烈撞击的可能性(会导致内部零件损坏或者松动),此情况建议用户向供货商提出更换申请。随机配件一般包含：螺丝、连接铜管、使用说明书等。

室外机出厂时，在机组内充注了制冷剂，正常情况下，管路三通阀螺栓应该没有漏油现象，如果出现漏油则可断定该机器漏气，建议用户马上更换。

二、安装室外机

空调室外机安装一般分为组装支架、安装支架、放置及固定室外机等步骤。由于室外机安装时，往往是高空作业，必须要采取防护措施，注意安全。

（1）室外机安装支架必须严格挑选，使用不符合要求的支架将可能导致室外机高空坠落，室外机支架存在的安全隐患如图3-14所示。

脱落　　　　　　　　　生锈　　　　　　　　　老化

图3-14　安装支架安全隐患

（2）膨胀螺丝的固定是利用楔形斜度来造成膨胀产生摩擦握裹力，达到紧紧固定在墙上的效果，如图3-15所示。

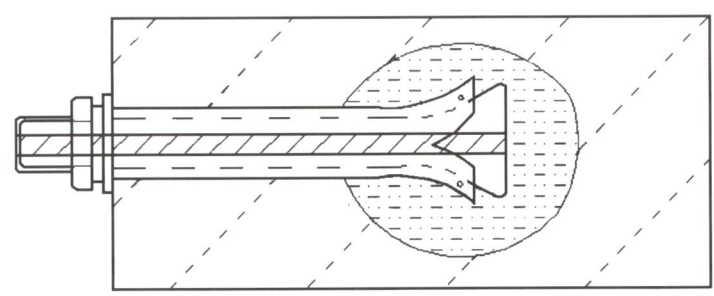

图3-15　膨胀螺丝的固定

（3）组装室外机安装支架时，螺钉要确保拧紧，支架安装要水平、牢固，放置室外机到支架上的时候要小心谨慎，条件允许下实行多人协作，确保安全。高空固定室外机的操作人员必须系牢安全带和抓牢施工工具。室外机安装具体步骤如图3-16所示。

学习单元3 ▲ 安装家用分体式空调器室外机

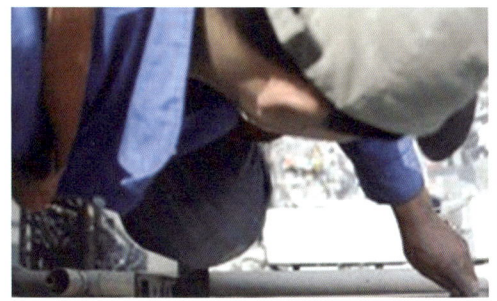  

步骤一：确定安装位置　　　　步骤二：打孔　　　　步骤三：安装固定螺丝

 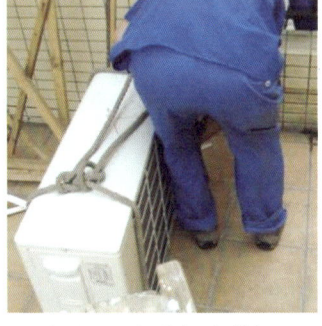 

步骤四：安装支架　　　　步骤五：捆绑好室外机　　　　步骤六：送出室外

 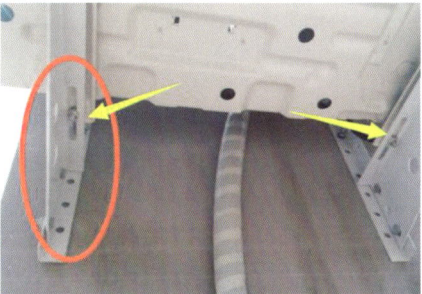 

步骤七：安放室外机　　　　步骤八：固定室外机　　　　步骤九：连接管道

步骤十：连接电源线

图3-16　室外机安装过程

43

综 合 评 价

评价项目	评价内容	评价标准	评价方式		
			自我评价	小组评价	教师评价
职业素养	安全意识、责任意识	A.作风严谨，自觉遵守纪律，出色完成工作任务； B.能够遵守"8S"管理制度，较好完成工作任务； C.有忽视规章制度行为，勉强完成工作； D.不遵守规章制度，未完成工作			
	学习态度主动性	A.认真听课，积极参与教学活动，无缺勤、迟到、早退现象； B.有缺勤且达本任务总学时的10%； C.有缺勤且达本任务总学时的20%； D.有缺勤且达本任务总学时的30%			
	团队合作意识	A.与组员协作融洽，团队合作意识强； B.与组员能沟通，协同工作能力较好； C.与组员能沟通，协同工作能力一般； D.与组员沟通困难，协同工作能力较差			
专业能力	学习活动1 明确工作任务	A.按时完成工作页，正确回答问题，施工步骤清晰； B.按时完成工作页，问题基本回答正确，了解施工步骤； C.未能按时完成工作页，有内容遗漏，错误明显； D.未能完成工作页			
	学习活动2 施工前准备	A.准确认识施工工具，并能正确使用工具； B.准确认识施工工具，安全意识较差； C.对施工工具掌握较差，部分工具不会使用； D.不认识施工工具			
	学习活动3 现场施工	A.学习活动评价分为90~100分； B.学习活动评价分为76~89分； C.学习活动评价分为60~75分； D.学习活动评价分为0~59分			
班级			学号		
姓名			综合评价等级		
教师签名			填表日期	年 月 日	

思考题

一、判断题（对打"√"，错打"×"）

1. 安装空调器时，应尽量满足厂家规定的各种条件和技术要求。（　　）
2. 只有确保电源电压基本稳定，才能确保空调器正常工作。（　　）
3. 空调器应使用专线供电，不允许和其他电器设备共用一个电源插座。（　　）
4. 在安装空调器时，不一定要仔细阅读说明书及有关注意事项。（　　）
5. 空调器的电源线应选用专门动力线，不能使用一般的照明线。（　　）
6. 修理制冷和空调设备时，为了保护螺栓，应使用固定扳手拧螺栓。（　　）
7. 连接管喇叭口要垂直对准截止阀、管接头锥形口，用手将连接螺母拧到底部，用两把扳手拧紧。（　　）
8. 电线由室内穿过室外时，可以压在孔的下侧。（　　）
9. 当室外机安装位置高于室内机时，连接管出室外侧需做防水弯。（　　）
10. 安装室外机时，可以不穿戴安全带进行操作。（　　）

二、填空题

1. 空调器的电源电压主要有单相电压＿＿＿＿和三相电压＿＿＿＿两种。
2. KFR-25GW型空调器，其电源线一般采用截面积为＿＿＿＿的铜芯线。
3. 为了确保空调器的安全使用，线路中要安装＿＿＿＿。
4. 空调器室外机不能安装在＿＿＿＿地方。
5. 空调器室外机安装一般分为组装支架、安装支架、放置及固定＿＿＿＿几个步骤。
6. 安装室外机时，选择的墙体要能承受机体的重量自振动，并且安装的部位要便于＿＿＿＿、＿＿＿＿与＿＿＿＿。
7. 为了保障安全，室外机周围不能有可燃性气体、＿＿＿＿和＿＿＿＿。
8. 室外机安装尽可能安装于＿＿＿＿地方。
9. 室外机安装位置与地面的距离应高于＿＿＿＿米。
10. 在湿热环境雷电较频繁地区、位置较高或空旷场地的独立建筑物上安装空调器时，若周围无＿＿＿＿设施，则应在必要时考虑防雷措施。

三、问答题

1. 如何选择空调器室外机的安装位置？
2. 分体挂壁式空调器的安装过程主要有哪些？
3. 如何用分体式定频空调器室外机中的制冷剂排除连接管和室内机组中的空气？
4. 空调器安装工程试运行前的检查工作主要有哪些？

学习单元  家用分体式空调器线路连接

学习目标

方法能力目标
1. 具备认识电气控制线路中各元器件及其电气符号的能力；
2. 具备空调器中连接电路图、控制电路图识读能力；
3. 具备对空调器电路进行分析的能力；
4. 熟练掌握线路连接工艺与连接步骤方法。

专业能力目标
1. 具备识读空调使用说明书及电路图的基本能力；
2. 具备控制线路规范安装能力；
3. 具备空调线缆规格估算能力。

社会能力目标
1. 具备自主学习、独立分析的基本职业素养；
2. 具备团队合作意识和有效沟通能力；
3. 具有良好的职业道德和职业操守；
4. 具备安全、质量、成本、效益等意识。

知识要求

一、家用分体式空调器的电气控制线路组成

一般家用分体式空调器的室内电路主要由电源电路、CPU 电路、信号驱动电路、内风机控制电路、室内吹风方向控制电路、显示及遥控接收电路等部分构成。如图 4-1 所示。

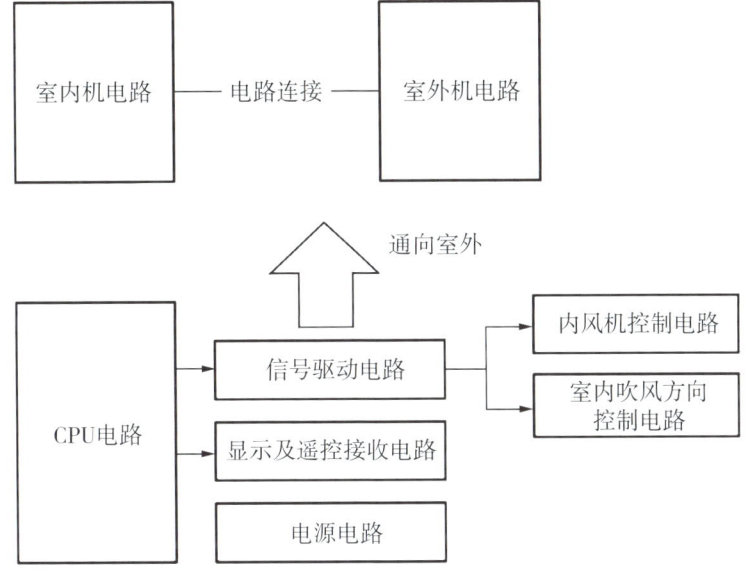

图4-1 室内机与室外机电路连接及室内机电路框图

空调器室外机电路主要有压缩机电路、外风机电路、四通阀电路以及其他具有一定功能的相关电路，电路结构较为简单，如图4-2所示。

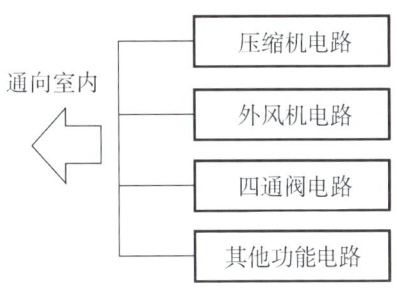

图4-2 室外机电路框图

1. CPU电路

CPU是中央微处理器（Central Processing Unit）的简称。CPU是一块集成电路，是空调器控制的核心器件。

2. 信号驱动电路

信号驱动电路的作用是将CPU的控制信号进行放大处理，使之能够控制空调器相关功能电路工作，它由集成电路及三极管电路等构成。

3. 内风机控制电路

内风机控制电路是内风机的驱动电路和调速控制电路，是内风机正常运转的关键。空调器的内风机一般都具备调速功能。

4. 室内吹风方向控制电路

挂机的室内吹风方向控制电路通常称为摆风控制电路，由直流步进电机带动摆风页片上下摆动，控制吹风的方向。柜机的室内吹风方向控制电路通常称为扫风控制电路，由交流同步电机带动扫风叶片左右摆动，控制吹风的方向。

5. 显示及遥控接收电路

显示及遥控接收电路用来显示空调器的工作状态，通常是一块专门的电路板，根据显示装置的不同，有的电路板较大，有的电路板较小。

6. 电源电路

电源电路为空调器用来控制提供强电和弱电的电路。强电是单相 220 V 交流电或三相 380 V 交流电，提供给空调器强电部件运转；弱电是强电经过变压、整流、滤波、稳压后得到低压的直流电，供给 CPU 电路、驱动电路及其他相关控制电路使用。

7. 室外机电路

室外机由压缩机、外风机、四通阀等重要制冷元件组成，其电路如图 4-3 所示。因室外机元件在强电电路工作，电路损坏率较高。

 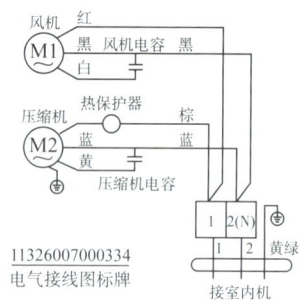

图 4-3 室外机电路

二、空调线缆的选择

空调器属于大功率电器，家用分体式空调器供电线缆通常要单独形成一个回路，而且要在回路中安装一个断路器，如图 4-4 所示。如果有家庭在装修时没有预留空调器专用电源线缆，从安全角度考虑，安装人员需为用户安装专用的供电线缆回路。

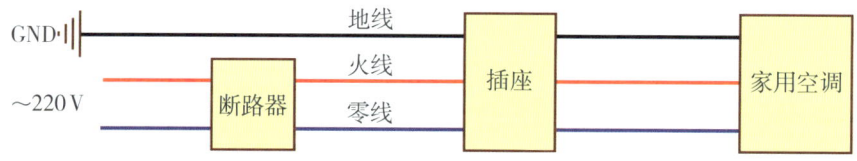

图 4-4 空调供电连接图

选择空调器的线缆时，不同功率的空调器对供电线缆的要求有所不同，通常情况下，我们需要根据空调器的最大功率输出电流的数值，选择空调器线缆的规格。

常用线缆的规格有三个标准：美国线规（AWG）、英国线规（SWG）和中国线规（CWG）。常用线缆规格有 1.5 mm²、2.5 mm²、4 mm²、6 mm²、10 mm² 等，平方数值越大线径越粗，如图 4-5 所示。

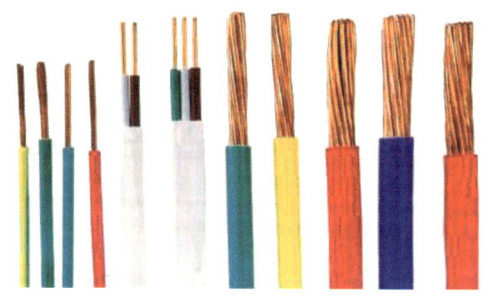

图 4-5 不同规格线缆

通常在线缆的绝缘层印有线缆参数，如图4-6所示，该线缆是四芯线缆，每根线芯的规格是1 mm²。

图4-6　线缆绝缘层印刷图

选择线缆的规格通常按用电设备的功率计算，例如一台空调器最大功率为3000 W，额定电压为220 V，运用公式 $P=UI$（P 为功率，U 为电压，I 为电流）得知该空调全负荷状态下电流为13.64 A，所以须选择承受能力大于13.64 A的电缆。不同规格的电缆所能承受的电流不同，若选择过小规格电缆将会造成线缆发热，严重可引起火灾。因此，选择的线缆可承受的电流一定要大于空调器的最大电流。

三、空调控制线路各电气元器件

KFR-35GW/EQF型电路板电气控制电路由晶振、室外风动机继电器、四通阀继电器等28个电器元件组成，如图4-7所示。

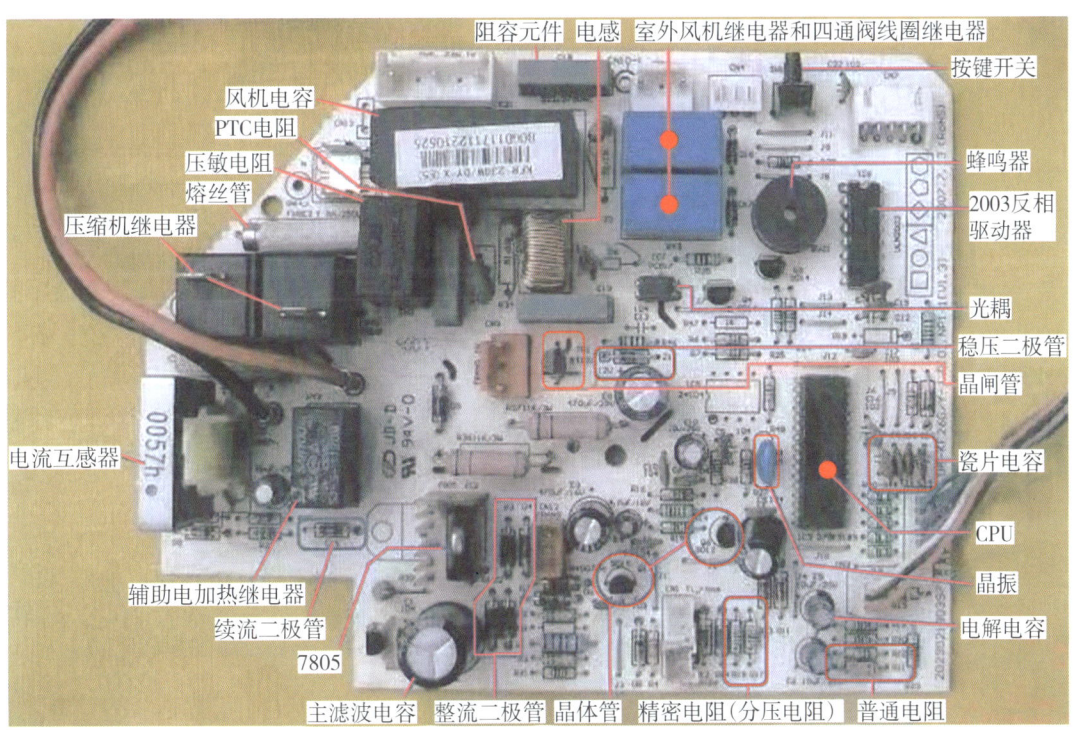

图4-7　KFR-35GW/EQF型电路板

四、安装工具

空调器电气控制线路的安装主要用到的工具有螺丝刀、剥线钳、尖嘴钳、卷尺、万用表等。

五、电气控制线路的连接原理

1. 室内机电路简述

某室内机电路电气连接如图4-8所示,该室内机是一款挂机,图纸中点画线所包围部分是控制电路板,外围其他元器件通过插头与插座连接,X101~X113是电路板上的插座代号。

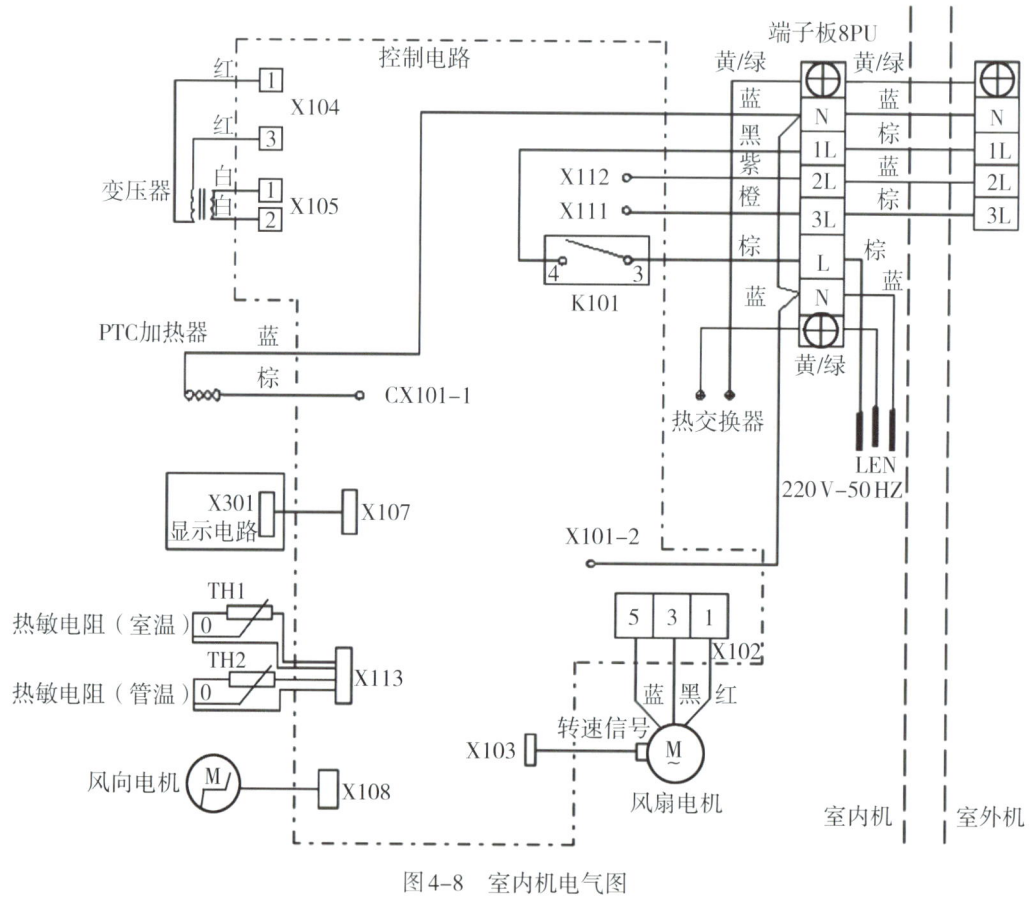

图4-8 室内机电气图

2. 室内机电路的主要元器件及电路连接

1）变压器

变压器两个绕组的插头连接到插座X104和X105上,其中插座X104只标注编号1、3而没有2,表示插座X104有三个插针,中间编号2的插针悬空。插座X104接两根红色引线绕组,插座X105接两根白色引线绕组,一般情况下,可根据插座X104编号2悬空,判断插座 X104 是否为交流 220 V 电压输出，是否可以接变压器的初级绕组。

2）PTC 加热器

PTC 加热器是电辅热器，用于冬季制热时增加制热效果。PTC 加热器两根导线通过一个接插件和电路插接在一起，图 4-8 中两个箭头对接的位置表示接插件。与 PTC 加热器插接相连的两根导线，一根插接在电路板的插片 CX101-1 上，另外一根连接到室内机电源接线排 N 端。

3）显示电路

显示电路是一块小电路板，通过插头连接到电路板的插座 X107 上，显示电路 X301 表示显示电路板上的插座，这里要说明的是插座的连接线有多根，并不是一根。

4）热敏电阻

两个热敏电阻相当于两个温度传感器，分别是 TH1 和 TH2，一个用以室内环境温度检测，另一个用以室内管道温度检测，两个热敏电阻都通过一个四线插头连接到电路板插座 X113 上。

5）风向电机

风向电机控制室内机吹风的方向，也称摆风控制，电机通过插头连接到电路板插座 X108 上，这款挂机的摆风控制使用的是步进电机，电路板插座上有 5 根连接线和电机连通。

6）风扇电机

室内风扇电机，通过两个插头连接到电路板上，插座 X103 连接电机内部的测速元件，有三根较细的导线。插座 X102 连接电机内部的电机绕组，绕组是三根较粗引线，颜色分别为蓝、黑、红。插座 X102 的编号 2、4 插针为悬空。

7）K101

元件 K101 是控制压缩机的功率继电器，图中的 3、4 是继电器的开关端子，控制电源 L 端连接到 1L 端，端子 L、3、4、1L 都是采用插头连接。

8）端子板 8PU

端子板 8PU 是用于电路连接和分配的接线端子线排，固定在室内机的接线盒内。

3. 室内机电源及控制线路

1）交流电源的输入线 L、N、E

交流电源 220 V 电压通过电源插头引出 L、N、E 三线。L 表示火线，N 表示零线，E 表示接地保护线，接地保护线通常使用黄/绿双色护套导线，插接到 8PU 端子板的最下端子。接地保护线位于 8PU 附近的室内管道金属架上，用螺丝钉固定两根黄/绿双色护套导线，一根连接到 8PU 端子板最下方的端子接地保护，另一根连接到 8PU 端子板最上方的端子，通过连接导线接到室外机，对室外机进行接地保护。

2）功率继电器（K101）电源分配

L 线连接到功率电器的端子 3，功率继电器焊接在电路板上面，而端子 3、4 是在继电器顶部留出的两个插片，3 和 4 都有相通的端子焊在电路板上。因此，端子 3 的电源进入到电源板，供电路板使用。同时，端子3在开关控制下，连接到端子4，通过导线连接到8PU的端子1L，送到室外控制压缩机运转。

3）室内、室外的电源控制

N线通过8PU端子分线：一路连接到室内电路板；另一路连接到室外电路构成回路。L线是通过功率继电器焊接端子连到电路板内，交流电的另外一根N线通过一个插片X101-2直接送到电路板内，这样，电路板内就具有了220 V的交流电压。

室外的1L压缩机控制、2L四通阀控制、3L风扇电机控制分别和通向室外的N线形成220 V交流回路。电路板内的交流电，在控制电路作用下，分别供给变压器、室内风扇电机、PTC加热器等使用。

4. 室外机电路简述

某室外机电路电气连接如图4-9所示，室内机和室外机之间有5根电缆线，分别是和室内机对应连接的1L压缩机电源控制线、2L四通阀电源控制线、3L外风机电源控制线、N电源公用零线、接地保护线。

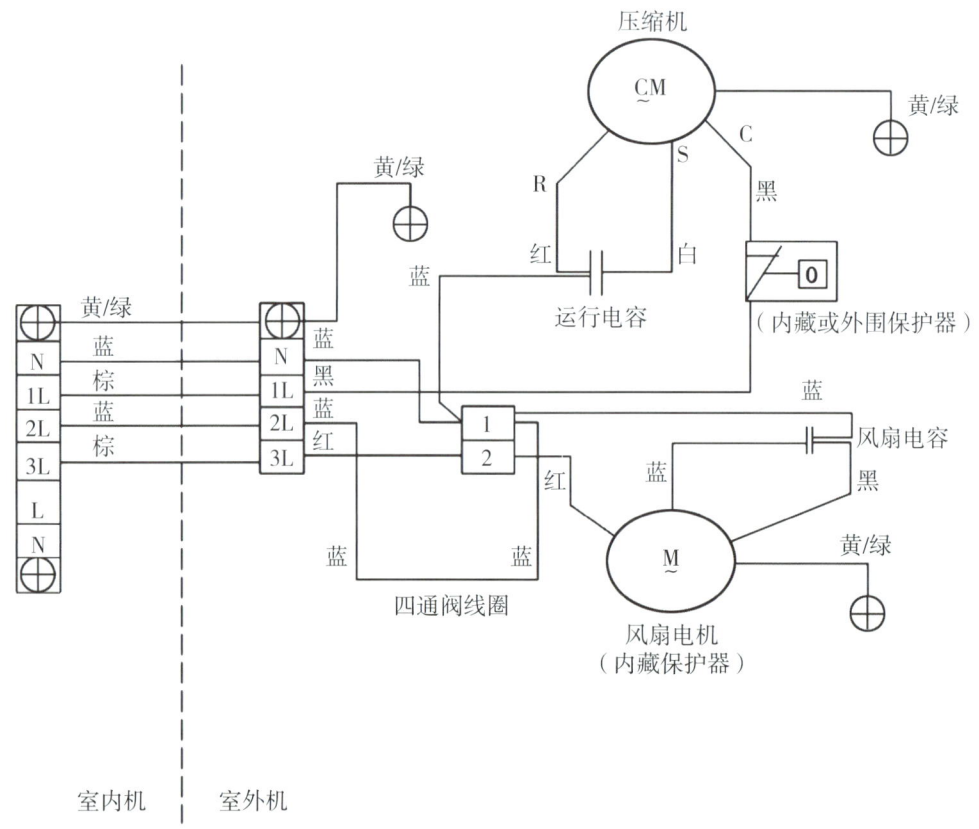

图4-9　空调室外机电气图

室外机的主要电气部件：CM压缩机、四通阀、M风扇电机、压缩机运行电容、风扇电容、压缩机内藏或外围保护器等。

在图纸中间编有数字 1、2 的物体是一个陶瓷体或塑料体的分线装置，可以称做分线器。1 和 2 是绝缘的，每个编号上有 4 个接线片是相通的，便于室外机电路的线路分配连接。

压缩机运行电容和风扇电机电容，在图纸上看，每个电容有 3 个端子，其实电容是两端子，只不过每个端子上做了分线的接线片。压缩机运行电容每个端子上做出 2～4 个插片，风扇电容每个端子做出 2 个插片，以便于室外机电路的线路分配连接。

5. 室外机压缩机线路的连接

压缩机的保护器装在压缩机内部或紧贴压缩机的接线盒内，呈现出来的压缩机是黑、红、白三根护套导线，三条线对应压缩机的 C 控制端子、R 运行端子、S 启动端子。

压缩机内部有两个工作绕组，CR 是运行绕组，CS 是启动绕组，C 端是两个绕组的公共端。压缩机线路连接时要求压缩机电容串联在启动绕组上，CS 和电容串联，串联的电路和 CR 并联，并接在 220 V 交流电源上，如图 4-10 所示。

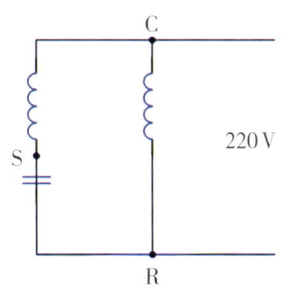

图 4-10　压缩机绕组连接原理图

 操作技能

== 分体式空调器线路连接 ==

一、接线前注意事项

（1）接线前必须清楚铭牌上所示空调器的使用电源，严格按机身贴的接线示意图接线。

（2）空调器应配专用电源插座，应装有电源漏电开关或空气开关，以起安全保护作用。

（3）电线不能触及冷媒水管和压缩机或风扇等运动部件。

（4）不能随意改动内部接线。

（5）若空调器装在易受电压波动干扰或电磁干扰的地方，控制线最好装配加磁环，或者使用双绞线，以免空调器因干扰而导致失灵。尤其是变频空调器、嵌入式空调器必须使用机器本身配带的信号控制线，不得擅自加长或不使用机身黄绿双色线。

（6）接线端子螺钉一定要拧紧，确保电线连接紧密可靠，而且要定期检查，否则将会导致终端过热或部件失灵，引起火灾。

（7）接线前必须检查所配控制线、电源线及接线端子的可靠性。

（8）要确保用户空调器专用线路线径有足够容量，电源线不够长需增加时最好使用原机的规格型号；选择稳压器、电度表和漏电开关的容量应考虑空调器的功率和其他家用电器的功率。

二、空调室内机线路连线

（1）打开室内机进气格栅和配线罩，参照配线图，接好接线端子，如图4-11所示。

（2）将连接线由室内机后侧插入，从前面拉出，并预留50～100 mm的长度，以便维修时方便拆装及接线。如图4-12所示。

（3）按照接线图接线，固定配线之后再装回配线罩，盖好进气格栅。

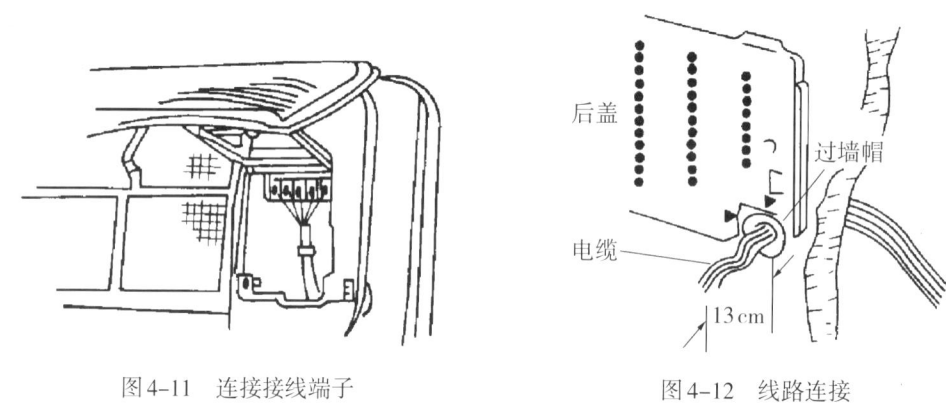

图4-11　连接接线端子　　　　图4-12　线路连接

三、整形管道束

将铜管、电源连线、排水管放置好，如图4-13所示，并用包扎胶带进行缠绕。

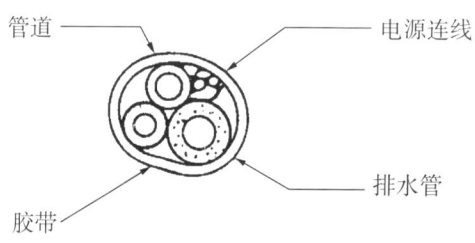

图4-13　铜管、电源连线、排水管放置示意图

四、室外机线路连线

打开室外机侧边接线盖，如图4-14所示，分清火线（L）、零线（N）和地线（E双色线），并接到相应的接线端上。

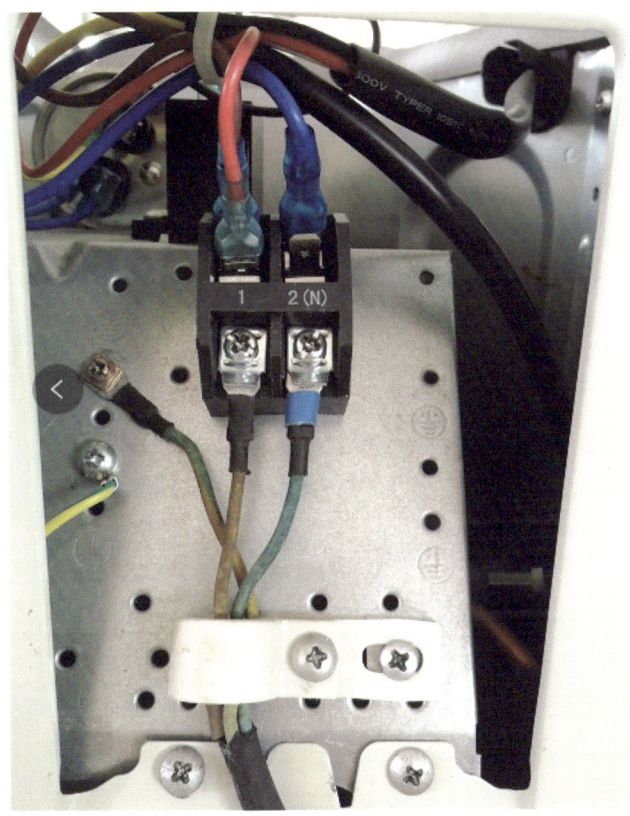

图4-14 室外机线路连接

综合评价

评价项目	评价内容	评价标准	评价方式		
			自我评价	小组评价	教师评价
职业素养	安全意识、责任意识	A. 作风严谨，自觉遵守纪律，出色完成工作任务； B. 能够遵守"8S"管理制度，较好完成工作任务； C. 有忽视规章制度行为，勉强完成工作； D. 不遵守规章制度，未完成工作			
	学习态度主动性	A. 认真听课，积极参与教学活动，无缺勤、迟到、早退现象； B. 有缺勤且达本任务总学时的10%； C. 有缺勤且达本任务总学时的20%； D. 有缺勤且达本任务总学时的30%			
	团队合作意识	A. 与组员协作融洽，团队合作意识强； B. 与组员能沟通，协同工作能力较好； C. 与组员能沟通，协同工作能力一般； D. 与组员沟通困难，协同工作能力较差			
专业能力	学习活动1 明确工作任务	A. 按时完成工作页，正确回答问题，施工步骤清晰； B. 按时完成工作页，问题基本回答正确，了解施工步骤； C. 未能按时完成工作页，有内容遗漏，错误明显； D. 未能完成工作页			
	学习活动2 施工前准备	A. 准确认识施工工具，并能正确使用工具； B. 准确认识施工工具，安全意识较差； C. 对施工工具掌握较差，部分工具不会使用； D. 不认识施工工具			
	学习活动3 现场施工	A. 学习活动评价分为90～100分； B. 学习活动评价分为76～89分； C. 学习活动评价分为60～75分； D. 学习活动评价分为0～59分			

班级		学号	
姓名		综合评价等级	
教师签名		填表日期	年 月 日

思考题

一、填空题

1. 一般家用分体式空调的室内机电路主要由_____、_____、_____、_____、_____、_____等几部分构成。

2. 空调器遥控器使用_____电池。

二、问答题

1. 一般室外机的主要电气部件有哪些？
2. 分体式空调器线路接线前要注意什么？

学习单元 5　家用分体式空调器的调试

学习目标

🔧 方法能力目标
1. 掌握空调器调试的方法；
2. 掌握根据空调系统安装位置确定管路长度的方法；
3. 具备判断定频空调与变频空调异同的能力；
4. 具备对分体式空调运行情况进行分析的能力。

🔧 专业能力目标
1. 具备对空调器密封性试验进行规范操作的能力；
2. 具备对空调器调试故障进行诊断的能力；
3. 具备对空调器规范安装进行验收的能力。

🔧 社会能力目标
1. 具备自主学习、独立分析的基本职业素养；
2. 具备团队合作意识和有效沟通能力；
3. 具有良好的职业道德和职业操守；
4. 具备安全、质量、成本、效益等意识。

知识要求

一、空调器调试的意义

空调器安装完毕后，有可能存在一些问题，使得空调器不能直接开机使用，调试的意义在于确保空调器在后期能正常顺利运行，能达到较好的制冷效果并能尽量避免故障的产生，使后期维修的可能性降到最低。

如果室内机、室外机之间的距离超过10 m，或室外机安装比室内机高（存在一定的落差），空调器安装完毕后是不能直接开机使用的。管路超过10 m，管路里面空气较多，需要进行抽真空处理，而且需要向空调制冷系统中额外添加制冷剂。如果落差超过10 m，还必须在管路上设置存油弯来帮助压缩机更好地回油润滑。

空调器调试的主要内容包括管路排空、电流检测、压力检测、管温检测、室内机进出风口温度检测、室外机进出风口温度检测等。室内机、室外机运行稳定，没有异常声响，吹风顺畅，压缩机吸排气温度、压力在正常范围内，室内制冷效果良好，是衡量一套空调器运行良好的标志。

二、空调器调试工具和材料

1. 内六角扳手

内六角扳手也叫艾伦扳手，内六角扳手通过扭矩对螺丝的作用力进行松紧操作，可大大降低使用者的用力强度。在空调器的调试中需要用到内六角扳手开启和关闭空调器截止阀，空调器截止阀如图5-1所示。

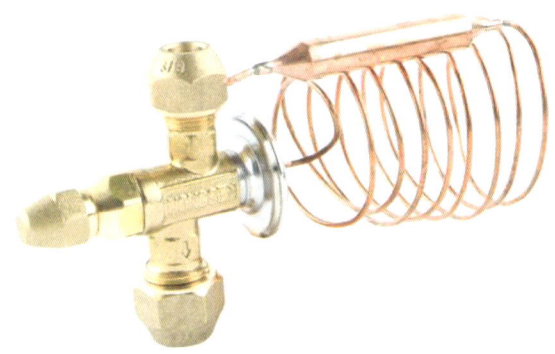

图5-1　空调器截止阀

2. 真空泵

真空泵是用来排除制冷系统中空气的专用工具，对维修后的制冷系统进行抽空，将系统内部残留的气体抽出，使系统内部保持干燥。若在抽真空过程中，系统内的真空度一直达不到要求，说明系统存在泄漏，则应进一步检漏。真空泵如图5-2所示。

图5-2　真空泵

真空泵连接压力表,中间管道与室外机相连接,抽真空开始后可以通过压力表查看当前管道真空度。真空泵的连接如图5-3所示。

3. 钳表

钳表也称钳形电流表。在空调器的调试中钳表主要用于测试导线电流、查看室外机是否存在漏电与工作不正常等现象。钳形电流表如图5-4所示。

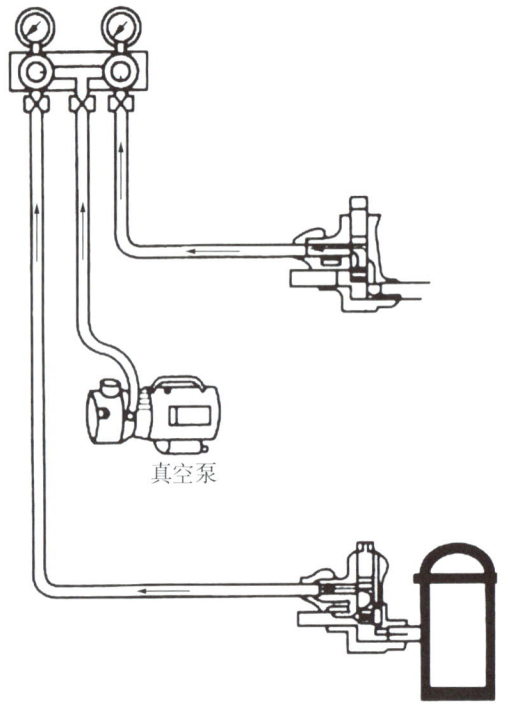

图5-3 真空泵的连接

图5-4 钳形电流表

4. 冷媒检漏仪

冷媒检漏仪 D-TEK SelectTM 的核心是红外吸收 filtometer。它一端为红外源(或发射源),另一端为红外能量检测器,两端之间是滤光器的取样单元。

红外能量是电磁能谱的一部分,大多数材料吸收特定波长的红外能量,从吸收谱图可知,材料吸收的特定波长在7.5～14 nm范围内,所有冷媒有相似的吸收谱图。红外源(发射源)产生一个包含所有红外谱波长的高强度能量束流。这个束流通过滤光器阻挡除冷媒吸收波长外的所有波长,过滤的红外能量撞击检测器使它发热。当冷媒在内部泵的作用下通过取样单元时,某些红外能量被冷媒吸收,达到检测器所需红外能量,使检测器温度降低,从而触发 D-TEK Select TM 报警。冷媒检漏仪如图5-5所示。

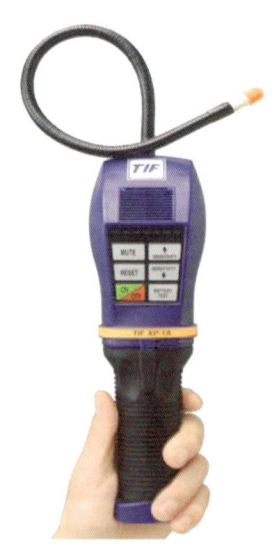

图5-5 冷媒检漏仪

操作技能

调试分体式空调器

一、铜管管路检漏和排空

空调器系统的运行是依靠压缩机把制冷剂气体压缩到较高的压力后使它的冷凝温度升高，在较高的温度下冷凝为液体。如果系统中混有不凝性气体，就会导致压缩困难，增大压缩机负荷，也会影响冷凝器和蒸发器的传热效率，最终导致制冷效果不佳、耗电量增加、能效比降低。所以，为减小压缩机负荷，要进行铜管管路检漏和排空。

1. 空调器管路检漏常用两种方法

1）充注氮气检漏

充注干燥氮气，同时在管路接口处涂抹肥皂水，若有气泡冒出则属于漏气。这种检验方法耗时较短，且能发现较细小的漏点。

2）真空试漏

用真空泵对管路抽真空处理，同时在管路的其中一端接上压力表，如果压力表回升，则说明漏气，这种方法耗时较长，但能检查微小漏点。

2. 管路排空通常有两种方法

1）制冷剂充灌法

在管路的一端接入截止阀气侧，再连接制冷剂瓶，另一端接入截止阀液侧但不扭紧，打开制冷剂瓶阀门，让制冷剂沿管道逐渐充灌，经过蒸发器从气管漏出，逐渐把管路里的空气冲出。这种方法简单易操作，但排空效果一般，会有少量空气残留，一般用于定频空调器排空。

2）抽真空法

铜管分别接入截止阀气液侧并扭紧，用真空泵在气侧加注口接入真空泵，启动真空泵即可对管路和蒸发器进行抽真空，这样可以确保管路里的空气全部抽出，达到较好的抽空效果，但操作更繁琐一点，抽真空法一般用于变频空调器的排空。

二、充注制冷剂

家用空调器在出厂时已经充注了制冷剂，但这个充注量是以标准的安装情况来计量的。挂壁式空调器原配 3 m 铜管，柜式空调器原配 4 m 铜管，而实际安装时难免会遇到需要加长铜管的情况，那么加长的这部分管路就占用了一部分制冷剂，导致制冷效果降低。所以当铜管加长到 10 m（以单程距离计算）以上时，就需要额外添加制冷剂。

瓶里的制冷剂是高压液化的液体，但加入系统的时候是气态的，所以加注时自然要从截止阀的气侧加入。由于制冷剂沸点远低于常温温度，阀门打开后制冷剂就汽化进入管道。另外，如果压缩机吸入液体制冷剂会导致液击，造成压缩机损坏。所以在加注和抽空前一定要充分认识并着重关注室外机上的阀门，如图5-6所示。

图5-6　室外机阀门

在制冷剂加注时，为了保证进入管道的制冷剂没有液体，应让瓶身竖直放置，阀门不能开太大，如果瓶内剩余量不多，也切不可倒置瓶身，可以对瓶身进行稍微加热来帮助汽化，例如可用60 ℃左右的湿毛巾或湿布包裹瓶身。

三、通电试机、参数检测

一般家用空调器的蒸发温度较高，而室内总是不断产生热量，所以遥控器上设置的16 ℃并非它能达到的室温。它只是对室温的最低设置温度，若室温一直达不到16 ℃，则空调一直处于全负荷运转，这不但耗电量巨大，还会影响空调器的寿命。所以一般不建议把温度设定到16 ℃。

试机的时候通常检测系统压力、温度以及室内机进出风温度。因空调器类型不同、工作工况不同，系统运行压力差别较大。以使用R22冷媒的家用空调器为例，在室外侧环境温度35 ℃，室内温度27 ℃工况下，排气压力在1.8 MPa左右，吸气压力在0.48 MPa左右。如果空调器使用的是R410A作为制冷剂，则整体系统运行压力要在使用R22作为制冷剂的系统运行压力基础上升高50%左右。空调器管温温度范围是气管10～12 ℃、液管3～5 ℃。空调器送、回风温度范围是送风12～16 ℃，回风25～28 ℃，如图5-7所示。

1. 新装空调器常见异常情况

（1）由于安装的时候机器水平度不达标，或是在运输过程中固定件松动，就会发生运行噪声偏大的情况，重新调整水平度和加固锁紧件即可排除故障。

（2）如果制冷剂过多，导致冷凝器散热不良，就会发生排气温度和排气压力过高的情况，把制冷剂排出部分即可。

（3）如果安装位置选择不合理，离障碍物距离过近，导致冷凝器散热不良，就会发生

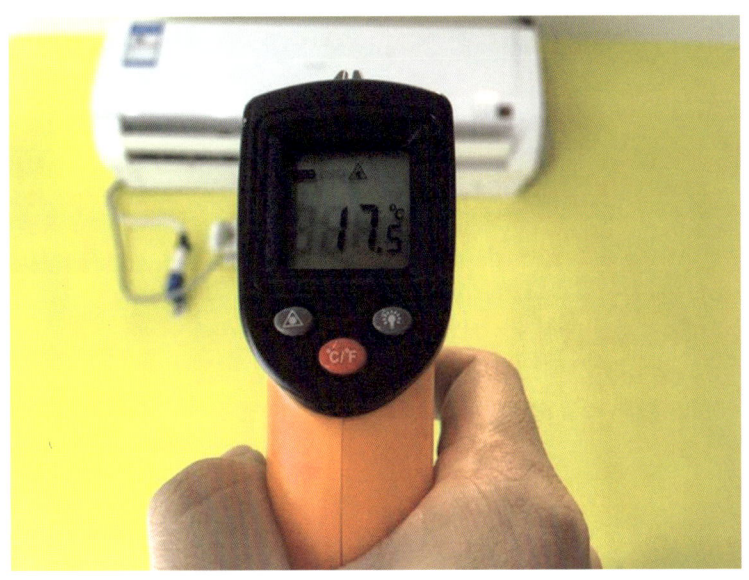

图5-7 空调器送、回风温度测量

排气温度和排气压力过高的情况，此时清除障碍物即可，若障碍物无法清除就必须转移机器以排除故障。

（4）如果制冷剂不足，导致蒸发压力和蒸发温度偏低，则追加制冷剂即可。

（5）系统一切正常，但如果室内机出风口附近有障碍物，造成气流短路，就会发生室温长时间不能明显降低的现象，移除障碍物或加装导风挡板防止气流短路即可。

2. 新装空调器注意事项

冬季制热时百叶风口应尽量朝下，因为热气密度小，会自然上浮。而夏季制冷则应该调平或小幅朝上，因为冷气密度大，会自然下沉。这样有助于空气对流，更快获得制热或制冷效果。

综合评价

评价项目	评价内容	评价标准	评价方式		
			自我评价	小组评价	教师评价
职业素养	安全意识、责任意识	A. 作风严谨，自觉遵守纪律，出色完成工作任务； B. 能够遵守"8S"管理制度，较好完成工作任务； C. 有忽视规章制度行为，勉强完成工作； D. 不遵守规章制度，未完成工作			
	学习态度主动性	A. 认真听课，积极参与教学活动，无缺勤、迟到、早退现象； B. 有缺勤且达本任务总学时的10%； C. 有缺勤且达本任务总学时的20%； D. 有缺勤且达本任务总学时的30%			
	团队合作意识	A. 与组员协作融洽，团队合作意识强； B. 与组员能沟通，协同工作能力较好； C. 与组员能沟通，协同工作能力一般； D. 与组员沟通困难，协同工作能力较差			
专业能力	学习活动1 明确工作任务	A. 按时完成工作页，正确回答问题，施工步骤清晰； B. 按时完成工作页，问题基本回答正确，了解施工步骤； C. 未能按时完成工作页，有内容遗漏，错误明显； D. 未能完成工作页			
	学习活动2 施工前准备	A. 准确认识施工工具，并能正确使用工具； B. 准确认识施工工具，安全意识较差； C. 对施工工具掌握较差，部分工具不会使用； D. 不认识施工工具			
	学习活动3 现场施工	A. 学习活动评价分为90～100分； B. 学习活动评价分为76～89分； C. 学习活动评价分为60～75分； D. 学习活动评价分为0～59分			
班级			学号		
姓名			综合评价等级		
教师签名		填表日期	年　月　日		

思考题

一、选择题

1. 一套分体式空调器的管路长度超过（　　）就需要添加制冷剂。
   A. 5 m　　　　B. 10 m　　　　C. 15 m　　　　D. 20 m

2. 为了在房间空调器刚开机时达到快速降温的目的，可以（　　）。
   A. 将温度调到 16 ℃，风量调到高挡
   B. 将温度调到 26 ℃，风量调到高挡
   C. 将温度调到 16 ℃，风量调到低挡
   D. 将温度调到 16 ℃，风量调到中挡

3. 如果系统里面有较多的水分，可能造成系统（　　）。
   A. 堵塞　　　　　　　　　　B. 吸气压力过高
   C. 排气压力过高　　　　　　D. 蒸发压力过低

4. 空调器实现制冷和制热模式的切换要依靠（　　）。
   A. 储液器　　　B. 四通阀　　　C. 单向阀　　　D. 截止阀

5. 空调器室温已经达到设定温度，但仍继续制冷，是因为（　　）。
   A. 压缩机坏了　　　　　　　B. 室内机风机坏了
   C. 感温系统坏了　　　　　　D. 制冷剂过多

6. 空调器的滤网建议多长时间清洗一次（　　）。
   A. 3 年　　　　　　　　　　B. 3 个星期
   C. 3 个月　　　　　　　　　D. 视使用环境而定

7. 制冷剂在进入蒸发器前，大概温度是（　　）。
   A. −5 ℃　　　B. 3 ℃　　　　C. 10 ℃　　　　D. 13 ℃

8. 一般家用空调器制冷时最好设定为（　　）。
   A. 16 ℃　　　B. 20 ℃　　　　C. 26 ℃　　　　D. 28 ℃

9. 为了保证空调器室外机的散热和检修需要，一般规定机器安装位置离四周至少（　　）。
   A. 20 cm　　　B. 50 cm　　　　C. 1 m　　　　D. 1.5 m

二、判断题（对打"√"，错打"×"）

1. 铜管管路外层的棉质材料主要目的是保护铜管，避免碰撞。（　　）
2. 不管是制冷模式还是制热模式，室内蒸发器都会产生冷凝水。（　　）
3. 如果室内机蒸发器上有过多的污垢杂质，会导致机器噪声增大。（　　）
4. 空调系统常见的"漏水故障"包括排水堵塞和外壳凝水。（　　）
5. 在制冷时风口应该尽量水平或小幅朝下，制热时应该尽量朝下。（　　）

6. "气流短路"是指出风口距离人的位置太近。（   ）
7. 空调器回风口处的滤网可以过滤比较精细的杂质。（   ）
8. 从功能上分类，一般空调器分为单冷型和冷暖型。（   ）
9. 一般空调器出厂时已经为主机充注了制冷剂，但如果安装的管路较长，还需要另外增加制冷剂。（   ）
10. 从功能调节上分类，一般空调器分为变频和定频两种。（   ）

三、填空题

1. 空调器系统的运行是依靠_____把制冷剂气体压缩到较高的压力后使它的_____升高，从而能在较高的温度下冷凝为液体，如果系统中混有_____，就会导致压缩困难，增大压缩机负荷，也会影响冷凝器和蒸发器的传热效率，最终使制冷效果变差，耗电量_____。

2. 管路排空通常有两种方法，分别是_____和_____。

3. 在制冷剂加注时，为了保证进入管道的是_____制冷剂，应让瓶身竖直放置，阀门_____（缓慢/迅速）打开，如果瓶内余量不多，也切不可倒置瓶身，可以对瓶身进行稍微加热来帮助_____，例如用毛巾或布包裹瓶身，再把60 ℃以下的热水浇在布上。

4. 对于变频空调，一般使用的制冷剂型号为_____，压缩机的吸排气压力都比定频的更_____（高/低），空气对系统的影响更大，所以在首次开机之前必须对管路进行_____。

5. 对于R22制冷系统，排气压力大概在_____MPa左右，吸气压力大概在_____左右。

四、问答题

1. 空调器在制冷时，室外机的液管接口附近结霜是什么原因？
2. 什么是气流短路？
3. 哪些情况下空调器安装完毕后是不能直接开机使用的？
4. 空调器调试的主要内容包括哪些？
5. 根据什么因素判断一套空调器的运行状态是否良好？

学习单元

安装多联机空调器

学习目标

方法能力目标
1. 具备施工图识读能力;
2. 具备多联机类型辨别能力;
3. 具备多联机空调器的安装能力;
4. 能根据施工环境合理选择工具与材料;
5. 熟悉线路连接工艺与步骤。

专业能力目标
1. 具备识读空调器施工图及电路连接图的基本能力;
2. 具备控制线路规范安装能力;
3. 具备多联机空调器安装能力;
4. 具备多联机空调器调试能力。

社会能力目标
1. 具备自主学习、独立分析的基本职业素养;
2. 具备团队合作意识和有效沟通能力;
3. 具有良好的职业道德和职业操守;
4. 具备安全、质量、成本、效益等意识。

知识要求

一、多联机空调器的结构和特点

多联机空调器是中央空调的一个类型,俗称"一拖多",是一台室外机通过配管连接两台或两台以上室内机的空调器。多联机空调器室外侧采用风冷换热形式，室内侧采用直接蒸发换热形式。目前，多联机系统在中小型建筑和部分公共建筑中得到广泛应用。其简易结构如图6-1所示。

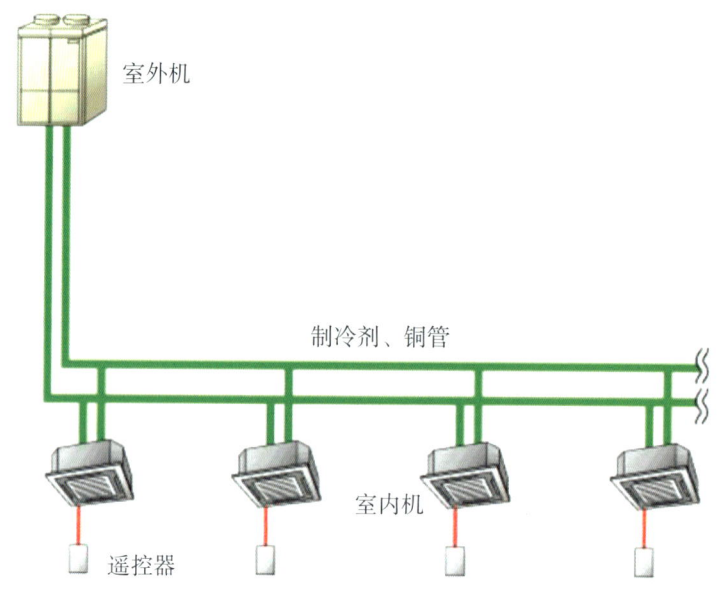

图6-1　多联机空调器简易结构图

一套多联机空调器通常包含室内机、室外机、铜管管路、排水管路、控制系统、分歧器、百叶式进出风口。因各室内机可单独控制，所以具有较强的灵活性，且制冷效率高，节能性好。但它管路相对复杂，造价较高，适用于房间数量较多且各室内机不同时使用的场所，如别墅、办公楼等。

由于各室内机一般会错峰使用，通常在设计多联机配置的时候，室外机的制冷量可以小于室内机的总制冷量，室外机制冷量等于室内机总制冷量乘以同时使用率。如一层办公楼有10个房间，每个房间2匹，同时使用率为0.8，则室外机可以选择制冷量为$10 \times 2 \times 0.8 = 16$匹。

室内机并非同时开启，而且室外机有变频智能控制系统，会根据室内机的冷量需求来改变压缩机转速和供液量，因此，多联式空调器能比分体式空调器达到更好的节能效果和制冷效果。

二、多联机空调器的室内、外机安装位置选择

多联机室内机的选择原则与分体式空调器室内机的原则相似，但又更复杂，因为多联机室内机通常是天花板隐藏式的，需要考虑跟装修方的位置配合以及美观性的需求。

（1）回风与出风须在同一个空间（如图6-2）。比如别墅的一个主人房与一个小卧室相邻，是否可以让主人房的冷暖气通过风管分支输送到小卧室呢？不可以！这样小卧室的空气无法回到机器里进行循环处理，制冷效果是非常差的。

（2）室内机接管侧必须设置检修口（可与回风口相连增强美观性），如图6-3所示。如果机器总长 0.8 m，则可以把回风口至少加长 0.3 m，这样回风口就可以包含检修口，也不会破坏天花板的美观性了。

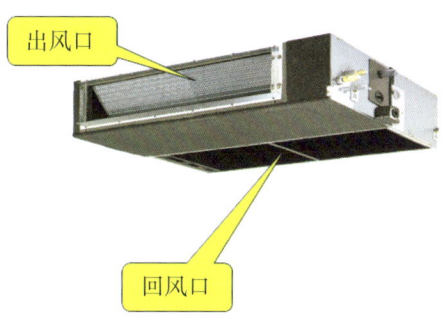

图6-2　回风口、出风口示意图

图6-3　检修口示意图

多联机空调器在室内的整体布局如图6-4所示。

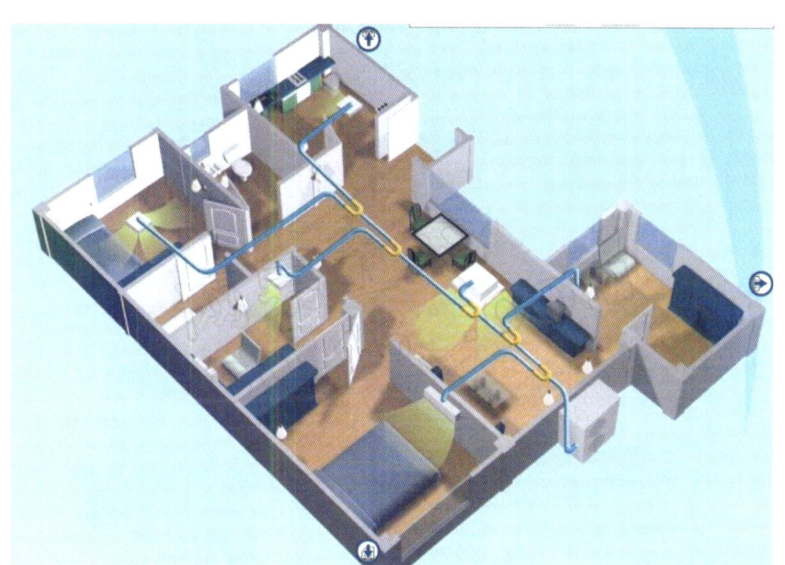

图6-4　布局示意图

三、安装多联机空调器的工具

1. 吊码套装

多联机空调器的管路与分体式空调一样，都是三条管道连接至风机，多联机空调器的管路直接按照施工图使用吊码套装固定，分体式空调管路需包扎处理，多联机空调管路仅需按照施工图排布保温处理即可，吊码套装如图6-5所示。

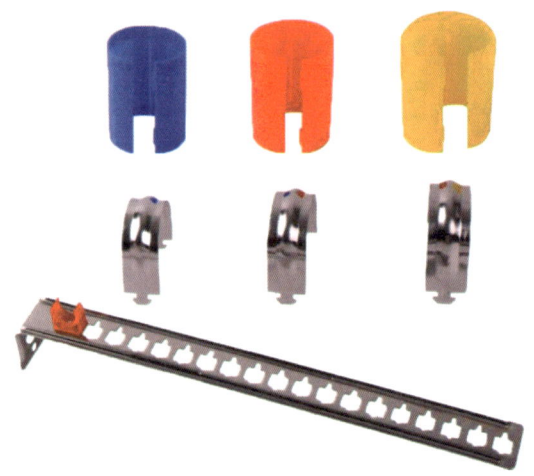

图 6-5　吊码套装

2. 水钻机

在实际的施工安装过程中，铜管的排布会遇到房子墙体的阻挡，甚至有的是承重墙，墙体内包含钢筋。遇到这种情况时只有少数施工环境可以通过弯曲铜管绕过阻碍墙体，更多的方式是采用水钻机直接对墙体开孔。水钻机种类繁多，按功率可以分为大功率和小功率水钻机，按钻孔直径可以分为大型和小型水钻机，按照使用方式可以分为干式和湿式水钻机。一般空调器安装所需要用到的水钻机为手持式湿式大功率水钻机，如图6-6所示。

图 6-6　手持式湿式大功率水钻机

3. 连接复合环套件

空调器铜管较长时，有的施工环境无法一根到底，往往需要分成几段排布，在排布好后连接，铜管的连接方式普遍采用焊接与复合环连接两种方式，焊接方式由于存在安全隐患、施工环境受限等各方面原因，较重视安全隐患的施工企业往往会采用复合环无火连接方式施工。复合环套件如图6-7所示。

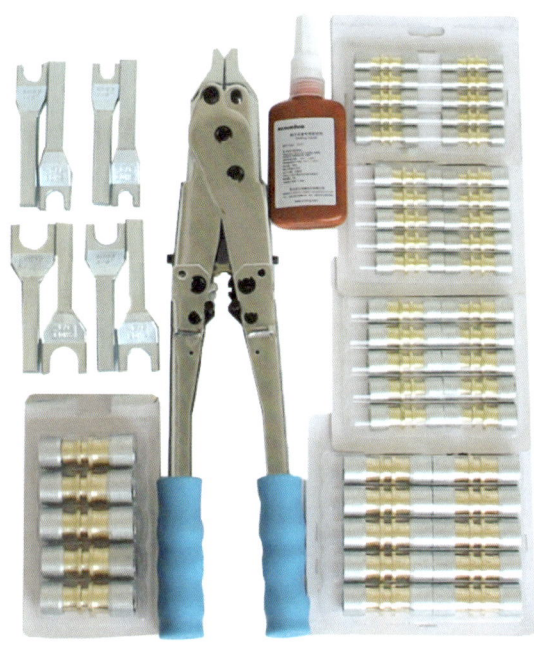

图6-7 复合环套件

操作技能

=== 安装多联机空调器 ===

一、吊装空调器室内机

(1) 确定安装位置后,应注意机器的卡口位置和机器边缘的关系,一般来说,机器定位的时候是以机器边缘为准,但安装时的卡口位置往往不在机器边缘,要注意计算卡口位置到边缘的距离,如图6-8所示。

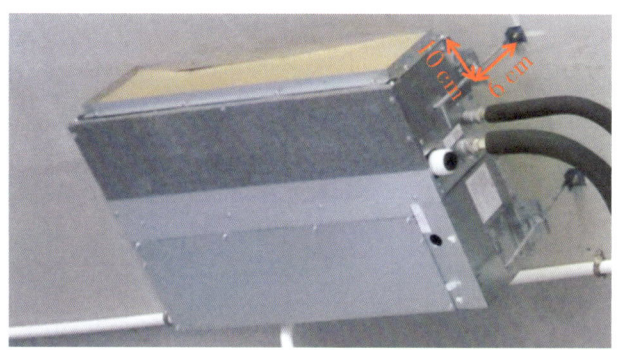

图6-8 机器卡口位置与机器边缘位置

（2）吊装好之后需要用水平尺检查机器是否水平，如果不平会导致机器振动加大、排水不畅等问题，合格的标准是水平或者向排水侧倾斜度≤1°。

（3）由于机器吊装好之后距离装修完工还有较长时间，需要把空调的进出风口用塑料薄膜或者纸皮覆盖住，以免装修过程中过多的灰尘杂质进入机器内部。

二、连接铜管管路

分歧器是多联机安装管路系统的一个重要部件，各室内机的支管连接到主管时就必须用分歧器来连接，它可以控制各支路的制冷剂流量从而达到控制制冷量的目的。

铜管切割完要马上用电工胶布把管口密封住，防止空气进入造成氧化，并防止工地上的灰尘进入管内。

从主机到室内机的主管管径大小取决于某段管路上的制冷量，一般不同厂家的标准略有不同，图6-7是以美的多联机空调器为例来展现主管管径大小与制冷量的关系。

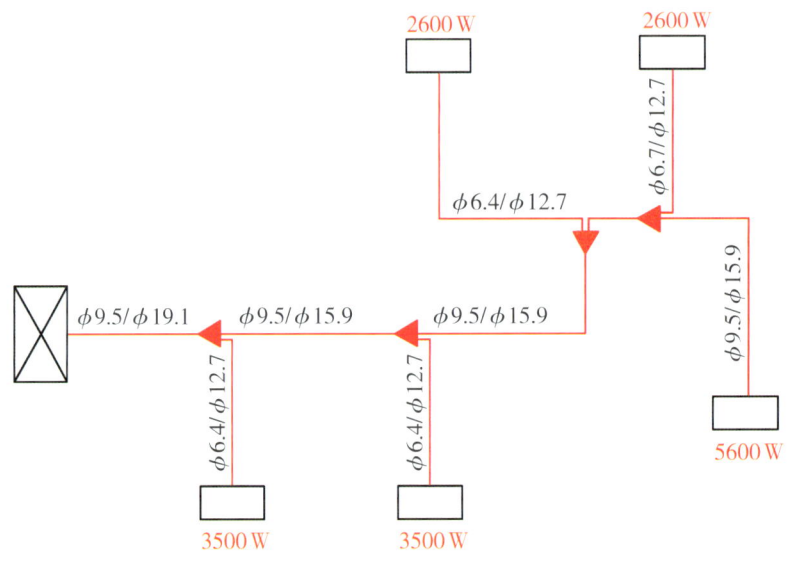

图6-9 主管管径大小与制冷量

（一）铜管焊接

冷媒管在焊接过程中必须在管道内充入氮气（氮气保护焊），如图6-10所示。充氮铜

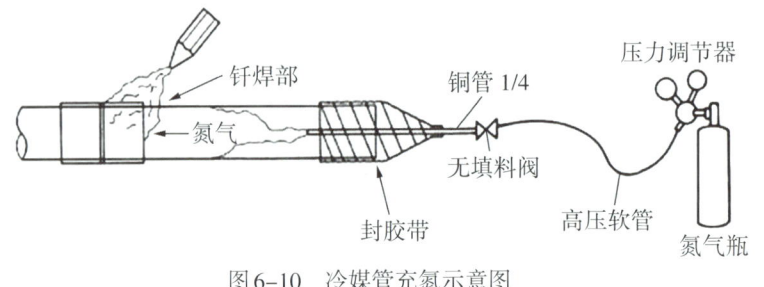

图6-10 冷媒管充氮示意图

管内部没有空气，避免了焊接时内壁结炭，否则铜管内壁结炭会在空调器正式运转时进入压缩机而导致故障。充氮与不充氮焊接效果如图6-11所示。

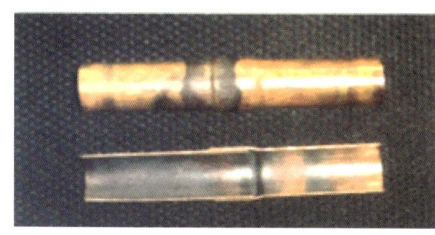
（a）充氮

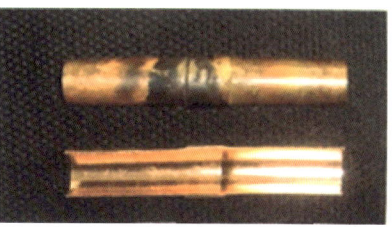
（b）不充氮

图6-11 充氮与不充氮效果对比

冷媒管充填制冷剂前需要抽真空，把管内空气抽出，保持管内干燥、无水分，否则空气和水会与冷媒混合产生冰晶，严重的会造成设备损坏。

铜管外层可以隔绝管内制冷剂与管外空气的热量交换，防止冷量损失，同时也防止空气中的水蒸气接触到铜管而产生冷凝水。

（二）无火连接

复合环的无火连接需要使用复合环套装进行操作，对两根需要连接的铜管首先要进行毛边处理，再用百洁布清洁，这样可保证铜管表面的清洁度，使连接时气密性更好。下面以分歧器的连接为例说明无火连接步骤。

1. 切割分歧器

分歧器的连接设计为焊接工艺，当采取复合环连接时需要对分歧器进行切割，使需要连接的铜管两端直径相等。如图6-12所示。

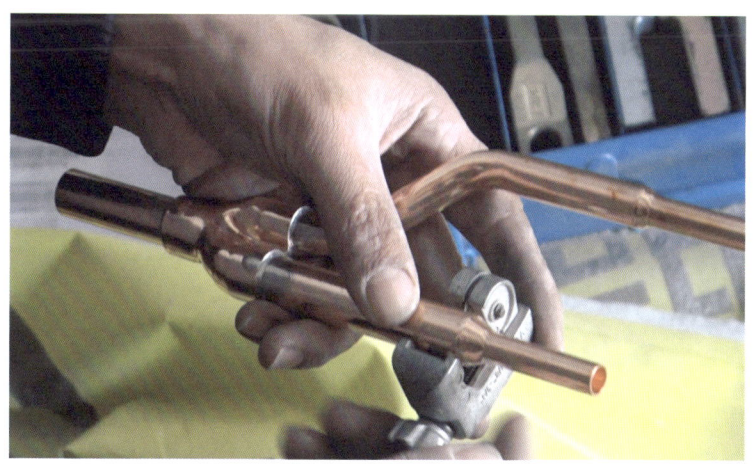

图6-12 切割分歧器

2. 连接复合环

复合环的连接需要在分歧器完成切割并进行毛边处理以及表面清洁后进行。复合环的连接需要先连接分歧器铜管一端,由于铜管排布在天花板,在空中作业连接两端铜管会加大工作难度,所以分歧器一端可以先连接,以降低工作难度。如图6-13~图6-15所示。

图6-13　涂抹复合环专用密封胶

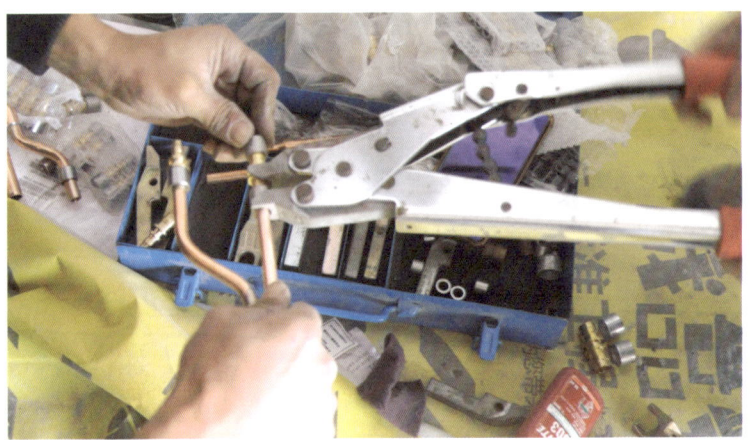

图6-14　压复合环

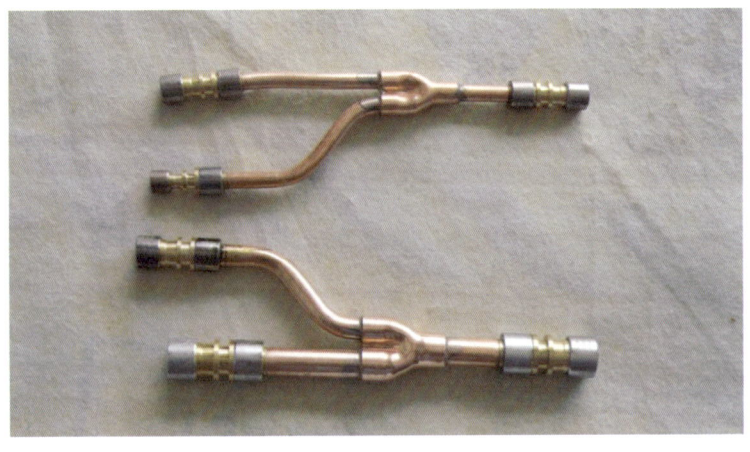

图6-15　制作完成的复合环

三、连接排水系统和线路系统

连接排水管时要遵循水往低处流的原理,从机器接水口逐渐往墙边倾斜,一般相邻的多台机可以连到同一根管,再到墙面穿出外墙或者接入地漏等排水装置,根据国家标准,排水主管倾斜度不小于 $\frac{5}{100}$,支管倾斜度不小于 $\frac{1}{10}$。排水系统若有多根支管接入主管时,应防止对冲现象。

每段连接机器的排水管支管需要朝上接一小段透气管,否则容易造成管路气堵,从而导致排水不畅。若排水管伸出外墙排水,要在墙孔和管之间的缝隙上填充防水密封胶,防止雨水进入室内,也可防止蚊虫进入。

各室内机的电源线可以由就近的电源并联或单独供电,但主机一定要单独供电。各室内机有一组信号线并联到主机,用于内外机之间的信号传输,但由于主机电路板的智能系统需要逐台辨认室内机和读取 IP 地址,所以不管是主机还是室内机,每台机的连接数只能小于等于 2,即不能同时连接 3 台或以上机器。如图 6-16 标识位置就是同时接了 3 台机,正确接法应该把 Li1 的线接入外机 4。

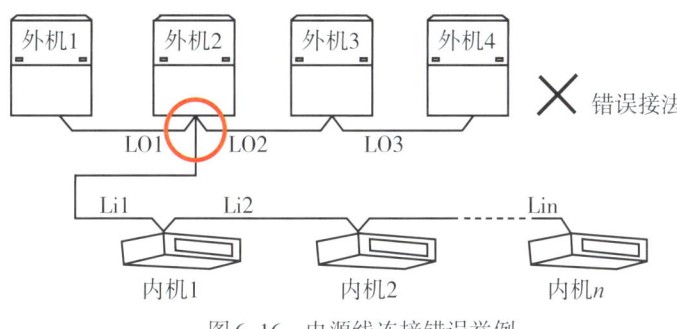

图 6-16 电源线连接错误举例

四、安装室外机

多联机空调器都是冷暖型空调器,在制热模式时,室外机的冷凝器上会出现冷凝水,而室内机不会,此时可以根据安装位置等实际因素考虑是否为室外机安装排水管路。如安装在阳台地面或开发商指定空调平台则要安装排水管,而在别墅一楼花园地面则可以不接排水管。

一般来说,相比于分体式空调器,多联机空调器室外机体型较大,相对应的振动、噪声也会较大,所以当室外机安装在楼顶时需使用减震胶垫或支架。安装在一楼地面时应设置地基平台,防止大雨时水面漫过机器。

由于一套多联机只有一个冷凝器散热,所以对环境的通风要求更高,同时应保证一定的检修空间,所以一般要求机器离四周障碍物至少 50 cm,出风口离障碍物至少 1.5 m。对于安装于高处的室外机可能需要用到起重机辅助,此时一定要注意封锁附近,禁止行人或车辆靠近,以免造成安全事故。

五、安装百叶风口、线控器

手持式遥控器方便灵活，在一定范围内，随处可以操作，但功能上只有传统的温度、风量、定时等可调节，且需要更换电池，还容易丢失。固定式线控器最大的特点是功能强大，液晶显示屏上除了传统的参数设定，还具有故障检测显示功能，专业人员在线控器上输入代码即可显示系统运行的一些参数（如制冷剂进出口温度、压缩机吸排气温度、系统压力等），用以判断系统故障。空调器风口的类型较多，从结构上来看，有单层百叶风口、双层百叶风口、方形散流器、圆形散流器、旋流风口等。从材料上来看，有铝合金、木质、塑料等。虽然各种风口有不同的特点，但主要功能都是起到分配和组织气流的作用，具体会根据实际场景、用户的喜好、价格等级等因素综合考虑，选择合适类型的风口进行安装，图6-17所示是常见的风口类型。

一般来说，双层百叶的木质风口用于出风口，因为木的传热性较差，不容易产生水珠，双层可调即上下左右四个风向均可调节。

图6-17 常见风口类型

六、系统调试

系统调试一般按图6-18所示步骤进行。

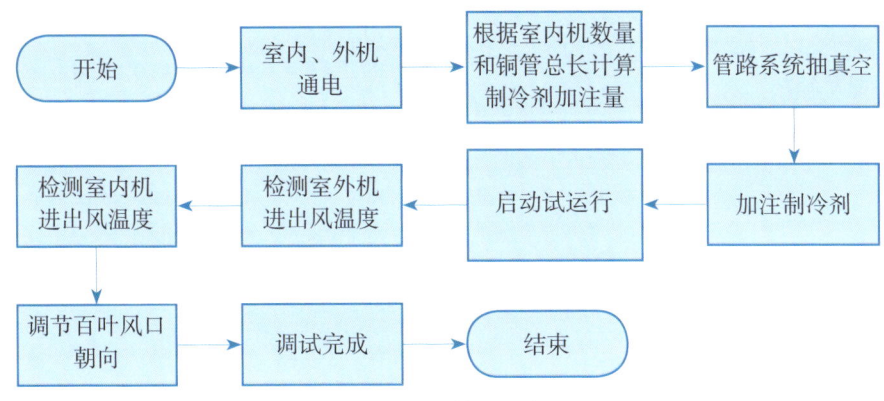

图6-18 系统调试步骤

具体操作如下：

（1）调试前需检查室内机安装是否正确（位置、水平度），管路安装是否达标（无冷桥现象、无泄漏、无明显残留炭灰），线控器接线是否正确，各室内机、外机电源线是否足够粗。

（2）系统抽真空时需注意主机截止阀要处于关闭状态，抽真空的时间取决于系统的大小和管路长度，为了节省时间，可以采取双侧抽真空法。如图6-19所示。

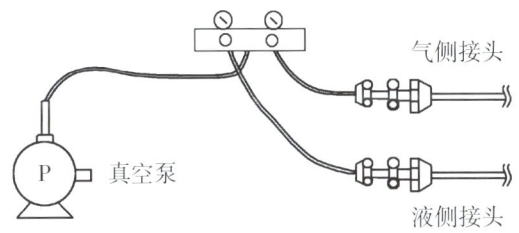

图6-19 双侧抽真空法

（3）多联机主机在出厂前充注了一定量的制冷剂，但由于多联机管路系统较长，室内机数量较多，厂家会规定按液管总管长和内外机数量的计算公式计算，以格力GMV多联机系列为例，配管冷媒追加量 A 计算方法如表6-1所示。配管冷媒追加量 $A = \sum$ 液管长度 × 每米液管制冷剂追加量。

表6-1 配管冷媒追加量 A 计算方法

液管直径	$\phi 28.6$	$\phi 25.4$	$\phi 22.2$	$\phi 19.05$	$\phi 15.9$	$\phi 12.7$	$\phi 9.52$	$\phi 6.35$
kg/m	0.680	0.520	0.350	0.250	0.170	0.110	0.054	0.022

每个模块冷媒追加量 B 计算方法如表6-2所示。

表6-2 冷媒追加量 B 计算方法

室外机制冷剂追加量 B/kg		室外机容量/kW							
室内外机额定容量配置率 C	内机配置数量	22.4	28.0	33.5	40.0	45.0	50.4	56.0	61.5
50%≤C≤70%	<4	0	0	0	0	0	0	0	0
	≥4	0.5	0.5	0.5	0.5	0.5	0.5	1.0	1.5
70%≤C≤90%	<4	0.5	0.5	1.0	1.5	1.5	1.5	2.0	2.0
	≥4	1.0	1.0	1.5	2.0	2.0	2.5	3.0	3.5
90%≤C≤105%	<4	1.0	1.0	1.5	2.0	2.0	2.5	3.0	3.5
	≥4	2.0	2.0	3.0	3.5	3.5	4.0	4.5	5.0
105%≤C≤135%	<4	2.0	2.0	2.5	3.0	3.0	3.5	4.0	4.0
	≥4	3.5	3.5	4.0	5.0	5.0	5.5	6.0	6.0

（4）加注制冷剂时需打开主机液侧截止阀，从加注口接入修理表阀，再接入制冷剂瓶，瓶身倒置于电子秤上，记录加注前的示数，缓慢打开制冷剂瓶阀门，再打开修理表阀阀门，加注开始。此时注意观察电子秤的示数变化，当示数接近目标值时，逐渐关小瓶身阀门，以免达到目标值时来不及关闭阀门导致加注量过多。加注完成后，打开主机气侧截止阀。

（5）机组预热。由于多联机系统较大，而且润滑油和制冷剂是互溶的，在生产和运输过程中，容易使制冷剂进入压缩机内部，在开机时导致液击，所以在调试启动前必须通电预热 8 h 以上。随着智能化技术的推进，现在多数多联机都由厂家预设了程序，微电脑会自动计算预热时间，没到达预设时间，系统禁止启动。

（6）拨码启动试运行。多联机微电脑主板上设置了高智能化的模块，以格力 GMV 多联机系统为例，把说明书或机器上所贴的条码输入"格力掌上通"，即可获取开机密码，在主板上的拨码按键输入密码即可完成初次试运行的启动。拨码按键如图6-20所示。

图6-20 拨码按键示意图

（7）系统自检。试运行启动后，微电脑会自动检测主机与室内机之间的通讯信号是否完整，压缩机吸排气压力是否正常，铜管进出口管温是否正常，室内机管温是否正常等。若一切正常，机器会在试运行 15 min 后自动关机，若有某项不正常，则在电脑主板LED显示器上显示故障代码，此时安装操作人员可以根据故障代码进行检测维修，故障排除后再次试运行，如此反复。以格力GMV多联机系列为例，常见故障代码如表6-3所示。

表6-3　格力GMV常见故障代码

LED1 功能代码	LED2 当前进度	LED3 当前状态	故障名称
db	06	b1	室外环境感温包故障
db	06	b2	化霜温度传感器1故障
db	06	FU	压缩机1壳顶感温包故障
db	06	F5	压缩机1排气温度传感器故障
db	06	Fb	压缩机2壳顶感温包故障
db	06	F1	高压传感器故障
db	06	F3	低压传感器故障
db	06	b4	过冷器液出温度传感器故障
db	06	b5	过冷器气出温度传感器故障

注意事项：

多联机制冷剂多为R410A，属于混合制冷剂，如果首次加注量明显偏多的话，需要全部放掉再重新加注。因为混合制冷剂的各组分沸点不同，从排气阀排出制冷剂会导致剩余制冷剂的混合比例被改变，从而影响制冷或制热效果。

综合评价

评价项目	评价内容	评价标准	评价方式		
			自我评价	小组评价	教师评价
职业素养	安全意识、责任意识	A. 作风严谨，自觉遵守纪律，出色完成工作任务； B. 能够遵守"8S"管理制度，较好完成工作任务； C. 有忽视规章制度行为，勉强完成工作； D. 不遵守规章制度，未完成工作			
	学习态度主动性	A. 认真听课，积极参与教学活动，无缺勤、迟到、早退现象； B. 有缺勤且达本任务总学时的10%； C. 有缺勤且达本任务总学时的20%； D. 有缺勤且达本任务总学时的30%			
	团队合作意识	A. 与组员协作融洽，团队合作意识强； B. 与组员能沟通，协同工作能力较好； C. 与组员能沟通，协同工作能力一般； D. 与组员沟通困难，协同工作能力较差			
专业能力	学习活动1 明确工作任务	A. 按时完成工作页，正确回答问题，施工步骤清晰； B. 按时完成工作页，问题基本回答正确，了解施工步骤； C. 未能按时完成工作页，有内容遗漏，错误明显； D. 未能完成工作页			
	学习活动2 施工前准备	A. 准确认识施工工具，并能正确使用工具； B. 准确认识施工工具，安全意识较差； C. 对施工工具掌握较差，部分工具不会使用； D. 不认识施工工具			
	学习活动3 现场施工	A. 学习活动评价分为90～100分； B. 学习活动评价分为76～89分； C. 学习活动评价分为60～75分； D. 学习活动评价分为0～59分			
班级			学号		
姓名			综合评价等级		
教师签名			填表日期	年 月 日	

思考题

一、选择题

1. 如果一套别墅6房3厅，共需要9个室内机，总计制冷量28000 W，那么建议室外机的制冷量是（　　）。
   A. 23000 W　　　　B. 28000 W　　　　C. 30000 W　　　　D. 36000 W

2. 多联机的分歧器作用是将主管的制冷剂总量按需要分配到两条支路上，它的形状接近于（　　）。
   A. F型　　　　　　B. Y型　　　　　　C. T型　　　　　　D. H型

3. 一般静音型风管式内机的厚度是（　　）。
   A. 12 cm　　　　　B. 22 cm　　　　　C. 32 cm　　　　　D. 42 cm

4. 目前市场上较为高端的多联机品牌有（　　）。（多选）
   A. 志高　　　　　 B. 海尔　　　　　 C. 大金　　　　　 D. 三菱

5. 为了保证冷凝器的良好散热，一般超过（　　）的室外机设置成顶出风。
   A. 6匹　　　　　　B. 10匹　　　　　 C. 12匹　　　　　 D. 18匹

6. 在铜管焊接时，为了尽量减少焊渣的产生，可以在铜管内一边吹入（　　）从而减缓铜管的氧化反应。
   A. 氧气　　　　　 B. 氮气　　　　　 C. 制冷剂　　　　 D. 氢气

7. 一般规定主排水管的坡度不低于（　　）。
   A. $\dfrac{1}{10}$　　　　　B. $\dfrac{1}{100}$　　　　C. $\dfrac{1}{1000}$　　　　D. $\dfrac{5}{100}$

8. 一般规定排水管支管的坡度不低于（　　）。
   A. $\dfrac{1}{10}$　　　　　B. $\dfrac{1}{100}$　　　　C. $\dfrac{1}{1000}$　　　　D. $\dfrac{5}{100}$

9. 为了保证多联机室外机的散热和检修需要，一般规定机器安装位置离四周至少（　　）。
   A. 20 cm　　　　　B. 50 cm　　　　　C. 1 m　　　　　　D. 1.5 m

二、判断题（对打"√"，错打"×"）

1. 由于隐藏式空调室内机隐藏于天花里面，所以机器不容易变脏。（　　）
2. 从功能上分类，一般多联机分为单冷型和冷暖型。（　　）
3. 一般多联机出厂时已经为主机充注了制冷剂，但如果安装的管路较长，或者室内机台数较多，还需要另外再加制冷剂。（　　）
4. 从功能调节上分，一般多联机分为变频和定频两种。（　　）

三、填空题

1. 每段连接机器的排水管支管需要朝上接一小段透气管，否则容易造成管路气堵，从而导致_____。

2. 多联机空调俗称一拖多，它的特点是：各房间室内机_____控制，所以具有较强的灵活性，且制冷效率_____，节能性好。但管路相对复杂，造价较高，它适用于房间数量较_____的场合，如_____等。

3. 多联机铜管管路安装时，为了达到合理分配制冷剂的效果，通常采用一种叫_____的配件来连接主管和支管，起到分配作用。

4. 考虑到后期的维修保养，室内机接管接线侧附近的天花必须设置_____，为了不影响天花的美观性，我们可以把_____至少加长0.3 m，让空调的风口兼具检修功能。

5. 铜管管路安装完毕后，需要进行压力检测，即对管路系统充入_____，此时记录下压力表的数值应不低于_____MPa（R22），至少间隔_____再观察压力表，若无明显下降则认为管路气密性良好。

四、问答题

1. 多联机系统调试时要根据哪些因素来确定抽真空的时间和制冷剂加注量？
2. 根据多联机系统的工作原理，分析系统在什么情况下使用最节能。

学习单元  7

家用分体式空调器维护保养

学习目标

方法能力目标
1. 掌握空调维护保养的主要工作内容；
2. 掌握空调维护保养的工作频次；
3. 能够制订空调维护保养的工作计划；
4. 对空调维护保养的工作能够进行记录。

专业能力目标
1. 能备齐并能正确使用空调维保的工具和劳保用品；
2. 能完成空调器通风系统的维保工作；
3. 能完成空调器电气系统的维保工作；
4. 能完成空调器制冷系统的维保工作。

社会能力目标
1. 具有规范意识和安全生产意识；
2. 具有空调器室内环境的健康卫生意识；
3. 具有社会责任感，力求空调器设备高效节能运行，操作技能节约环保；
4. 具有协作意识和良好交流沟通能力；
5. 具有高尚的职业道德。

知识要求

一、家用分体式空调器维护保养的工作内容和意义

空调器在运行、待机或长期停机时，受室内外环境影响，会有灰尘聚集在风口、风机

叶片、蒸发器或者冷凝器的表面。这样一方面会形成污垢热阻，使传热恶化、降低能效；另一方面聚集在设备上的灰尘会从送风口出来污染室内空气，降低室内空气质量。同时，室内机换热盘管和凝水盘的凝水也容易造成细菌滋生。

为确保分体式空调器的可靠、高效运行，需要进行维护保养。维护保养可排除空调器运行的故障隐患、减少意外停机，也可延长设备的使用寿命。同时，空调的安全、可靠、高效运行，可大大降低运行费用，也可营造健康、卫生、舒适的人居环境。

分体式空调器系统的日常维护可分为通风系统的维护保养、电气系统的维护保养以及制冷系统的维护保养，具体内容和处理参照表7-1。

表7-1 家用分体式空调的维保内容和频次

维护保养大类	维护保养检查	异常处理	检查周期
通风系统保养	过滤网是否堵塞	卸下清洗或者更换	15~30天
	室内机风轮是否积灰	卸下清洗	15~30天
	室内机蒸发器表面是否脏堵	停机，毛刷刷洗或清水冲洗	长期停机重新启用空调前
	室外机冷凝器是否脏堵	停机，毛刷刮洗或高压水枪冲洗	30天
制冷系统保养	空调器进出风口温差是否正常	进一步检查制冷剂量、室外机散热情况、室内机通风情况以查找异常原因	30天
	空调器的压缩机吸、排气压力情况	进一步检查制冷剂量、室外机散热、换热器堵塞情况以查找异常原因	30天
	系统管路接头处是否泄漏	处理泄漏管路、抽真空、保压、冲注制冷剂	30天
电气系统维护保养	检查空调器输入电压、运转电流是否正常	对制冷系统和通风系统进行检查，确定故障原因并进一步处理	每月
	检查室内机配电各部件、接线端是否正常	针对具体情况处理	每月
	检查空调电源线、室内外连接线是否破损、老化或龟裂	更换	每月

空调器的定期维护保养可达到以下效果：

（1）节约能源、降低运行成本。在空调器系统的蒸发器和冷凝器传热过程中，附着在换热器表面的灰尘和污垢直接影响传热效率和设备的正常运行。根据空调器机组的运行数据分析表明，与未进行清洗消毒的机组相比，进行清洗消毒的机组可节省10%~30%用电量,并能延长机组的使用寿命,减少设备折旧费。

(2)改善制冷效果,减少异常停机。定期对室内、室外机进行清洗,除尘除垢,提高冷凝器、蒸发器的换热效率,不仅能使空调系统高效运行,而且可有效避免制冷系统高压运行、超压停机现象。

(3)为用户节省维修和更换资金。未经维护保养的空调器机组,会出现通风系统管道堵塞、积聚污垢的情况,导致制冷系统压力偏高,机组运行电流增加,甚至预埋压缩机出现故障。而对空调器定期维护保养,既可减少维修资金,又可延长设备的使用寿命。

(4)保证人居环境的空气品质。定期对过滤器、室内机换热器进行清洗,能有效抑制细菌滋生,减少出风含尘量,改善送风品质和室内空气品质。

二、家用分体式空调器维护保养工具

空调器维护保养所用工具种类多样,各有其用。常用的维护检修工具有:复合表(雪种表)、扳手、万用表、钳形电流表、高低压表、安全带、绳子、电工胶布、红外线测温仪等。常用的清洗消毒工具有:清洗泵、清洗罩、喷壶、清洗高压枪、清洗消毒药水、吸尘器等。备用配件:主机启动电容。还可能用到焊枪、真空泵、焊条、气管和气管枪等。现重点介绍常用的清洗工具。

1. 清洗泵套装

清洗泵套装是用来对空调设备进行清洗的专用工具。在对空调器换热器进行清洗作业时,经常使用小型高压水泵对空调的室内机和室外机进行清洗,通过高压冲洗去除换热器表面的灰尘和污垢。

采用高压水射流清洗,能清洗形状和结构复杂的零部件,能在狭窄复杂的空间和操作环境较差的条件下进行清洗,应用十分广泛。清洗泵套装如图7-1所示。

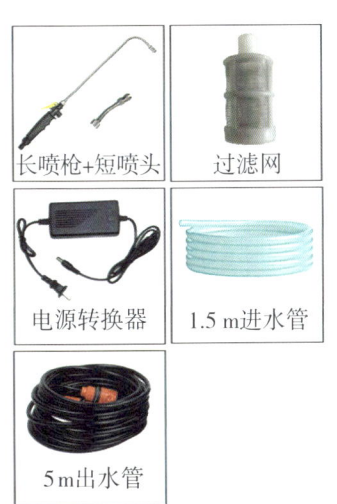

图7-1 清洗泵套装

2. 空调清洗罩

空调清洗罩是用于清洗分体式空调器室内机的常用工具之一，一般采用环保PVC双面防水布料，这种布料具有优越的防水性能、无异味、耐老化、耐酸碱等特点。使用时，如图7-2所示，将清洗罩包裹分体式空调器的室内机，挡水片插入空调器底部，安装好前挡水帘，取下空调器滤网，即可喷洒药剂并清洗空调器室内机。

图7-2 空调清洗罩

3. 复合表（雪种表）

"雪种"就是制冷剂，"雪种表"就是检测空调器内部制冷剂状况的仪表。它根据制冷剂的压力大小来量化制冷剂的多少，如果压力过低，表示空调器内部的制冷剂不足，需要及时添加，如图7-3所示。

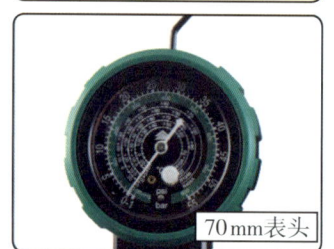
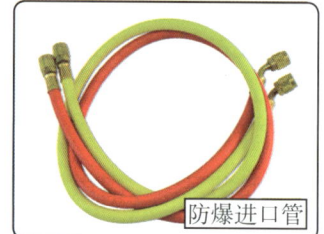

图7-3 复合表（雪种表）

4. 钳形表

钳形表是制冷设备电气检查的常用仪表，如图7-4所示，它可以测量交流和直流电压、交流电流、电阻等。

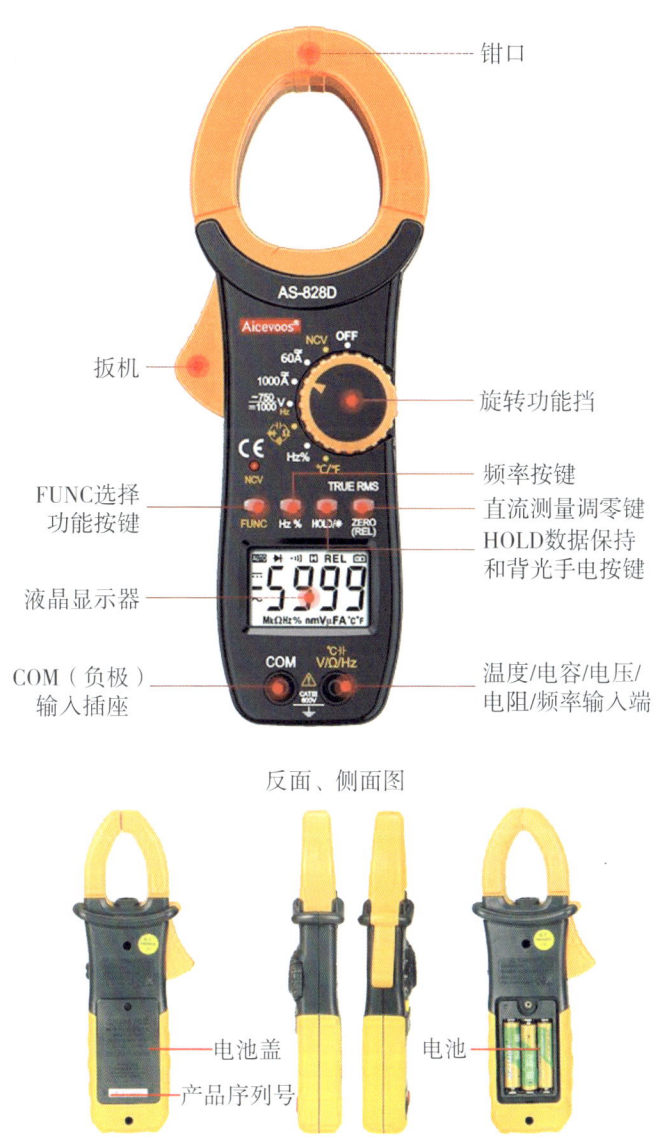

图7-4 钳形表

1）测量交流和直流电压

先将转换开关转换到交流电压（ACV）或直流电压挡（DCV），并选择大于被测电压的量程，然后把红黑表笔分别插入被测供电插座插孔内，面板显示数字即为被测电压值。交流电压没有固定的极性，所以钳形表的表笔可以不分正负极使用。测量直流电压把转换开关旋转到直流电压挡（DCV），选择大于被测电压的量程，同时弄清楚被测电压的极性，红表笔接电压正极，黑表笔接电压负极，进行测量，如果表笔极性接错，钳形表可能会损坏。

2）测量交流电流

将转换开关旋到交流电流（ACA）合适量程上，测量时只要将被测电线夹在它的钳形口里，利用电磁感应原理，显示屏就能指示电线中的电流强度。

3）测量电阻

将转换开关旋转到合适的量程上，测量前，将两表笔直接连通（短接），这时显示屏读数应为 0 Ω 并发出鸣叫声，如果显示数字不为 0 Ω，说明钳形表损坏或电力不足。测量时，将表笔接在被测电阻两端，屏幕上显示数字即为被测电阻值。

三、分体式空调器的维护保养

1. 通风系统维护保养

1）检查过滤网是否脏堵

为了确保空气中的灰尘不被吸入室内机换热器而影响换热效果，空调器室内机的进风口处设置了过滤网，对空气中的大颗粒粉尘进行过滤。长时间运转后，过滤网布满尘埃会直接导致进风量减少，降低空气循环量，从而降低制冷量。

过滤网脏堵的处理方法如下：

①试机并确保空调器能正常工作，而后停机并切断电源；

②取出过滤网，用十字螺丝刀拆开风格栅两侧的螺丝，抽出过滤网；

③视过滤网情况判断是清洗还是更换过滤网，一般用刷子或吸尘器将过滤网上的灰尘清除，晾干过滤网；

④过滤网复位并试机。

2）检查室内机风轮是否有过多灰尘

对于一些空气环境较差的区域或者长时间未清理过滤网的空调器，由于过滤网过脏造成气流堵塞，在风扇电机作用下风道内产生负压，会把过滤网上的灰尘吸入空调内部依附在离心风扇或蒸发器上。过多的灰尘会使风机负载加重，导致风机转速降低，影响空调器制冷量，甚至导致风扇电机绕组烧毁。因此，每次清洗过滤网时，目测离心风扇上是否有较多的灰尘，如果过脏，将离心风扇拆下清洗，室内机风轮如图7-5所示。

室内机风轮清洗维护步骤如下：

①试机并确保空调器能正常工作，而后停机并切断电源；

②取出过滤网和风机，将风道上的导流器逆时针旋转后拉出，把离心风扇固定螺丝用扳手以逆时针方向旋转卸下，拉出离心风机；

③清洗风轮并晾干；

④过滤网复位并试机。

图7-5 室内机风轮

3）检查室内机换热器表面是否脏堵

一些环境特殊区域或过滤网长时间未清理的空调器，过滤网上有脏堵的灰尘或细小的柳絮，在风扇电机的作用下，风道内产生负压，将这些尘埃吸入并附在室内机换热器表面，导致换热效率衰减、制冷量和空气循环数量减少，影响制冷效率。每次空调器启用前，需要对换热器进行检查和做相应的维护处理，室内机换热器的清洗可参见本节后边的操作技能部分。

4）检查室外机换热器上是否脏堵

由于室外机换热器需要与室外空气进行热交换，同时也会把室外的灰尘、杂物、毛絮吸附到换热器表面，造成换热器堵塞，使制冷剂释放的高温热量无法有效排出，增大轴流电机和压缩机的负荷，降低制冷量，甚至造成压缩机和轴流电机绕组短路。因此，需要每月目测室外机换热器表面的积灰情况，并进行清洗维护。

室外机换热器的清洗方法如下：

①用软毛刷沿垂直方向清理杂物；

②用中性洗涤剂稀释后辅助清理；

③使用高压水枪对冷凝器冲洗。

清洗中，注意刷洗方向需顺着翅片方向，如图7-6所示。注意用力力度和水枪水压等，避免把翅片刮倒或损坏。

2. 制冷系统维护保养

1）检查空调进出风口温度差是否正常

检查空调室内机进风口与出风口之间的温度差是检验空调性能的最佳方式，正常状态下，其进风口和出风口之间的温度差要达到国标要求，即夏季制冷模式时，进、出风口温差大于8 ℃；冬季制热模式时，进、出风口温差应大于15 ℃。

冷凝器清洗方向

图7-6 室外机毛刷刷刮方向

进出风口温差的检测方法如下：

①在空调器系统运转平衡后（大于15 min，约30 min左右），将空调风速设置到"高速"挡。

②将温度计分别放在距离空调器进出风口中心约10 cm的位置，待温度计读数稳定后锁定数据。

③如果进、出风口温度差小于标准，则说明空调制冷效果差，需进一步检查空调器制冷剂是否充足或过量、室外机散热是否正常；如温差过大，则需进一步检查制冷剂是否充足、室内机通风是否正常。

2）测量空调器的运转、平衡压力

除了进、出风温差外，压力也是衡量空调器运行性能的重要指标。

运转压力是指制冷剂在空调器运行过程中各个部件内的压强值,以 R22 为例,我们要检测蒸发压力(俗称"低压"),蒸发温度 5～10 ℃对应的蒸发压力为 0.48～0.58 MPa(表压);冷凝温度 40～55 ℃对应的冷凝压力(俗称"高压")常温下为 1.43～2.07 MPa(表压)。

平衡压力是指制冷剂在空调停止运转状态下在制冷系统各部件内的压强值,由于在停止运转下制冷剂呈静止状态,故测得的高压和低压基本上是一致的,15～35 ℃所对应的平衡压力为 0.69～1.25 MPa(表压)。

每次维护时,应进行运转压力、平衡压力检测。

运转压力检测如下:

在空调运转状态下,拆下空调低压检修口(如图7-7所示),密封螺帽,将加液管一端与压力表连接,另外一端带顶针的接头快速与检修口连接,连接过程要迅速,以防止制冷剂喷出冻伤手指。待运转 15～30 min 后,压力表指针读数也稳定后,锁定数值。

若系统低压压力偏低,进一步检查是否存在制冷剂偏少、系统堵塞、管路折扁、室内机通风不良等问题;若低压压力偏高,进一步检查制冷剂是否过多、室外机散热不良、高压侧堵塞等问题。

测量平衡压力则是在空调运转停止后待压力表指针读数平稳后锁定数据,若压力过高说明制冷剂过多,反之说明制冷剂过少。

图7-7 空调室外机检修口

3)检查各管路接头是否有泄漏点

分体式空调器通过连接管将内、外机连接成一个密闭系统,接头处用螺帽密封。如果空调器运转过程中发生振动或螺帽未拧紧,就会造成制冷剂泄漏,制冷剂具有渗透性,若接头处有泄漏,制冷剂会与其互溶的冷冻油一起泄漏,故制冷剂泄漏点的部位通常会存在油污。每次维护时,需目测室内、外机连接管接头处是否有油迹。如发现接头处有油污,就有可能是制冷剂泄漏。泄漏初期会表现为连接管的液管(液管如图7-8所示)上有结霜现象,后期则表现为制冷效果差或不制冷。

如果确定制冷剂泄漏,先根据压力、电流等参数,补加制冷剂,然后在待机状态下用肥皂水均匀涂抹在有油迹的管接头处,如有气泡鼓出,说明该处泄漏,用扳手将其拧紧后再检漏,直到 1 min 内无气泡冒出即可。若仍泄漏,则需要做相应的维修工作。

3. 电气系统维护保养

1)检查空调输入电压、运转电流是否正常

电器产品在符合其运转要求的条件下,才能达到最佳的产品性能,并降低产品的故障率。同时空调在运转过程中的参数也能反映出其运转状态,因此每次维护时,对空调的电气测量也可排查出空调器是否存在隐患。所以,每次对空调进行保养时,需对空调器的输入电压和运转电流进行测量。

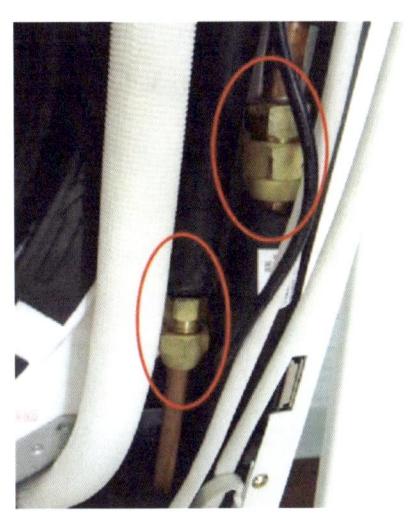 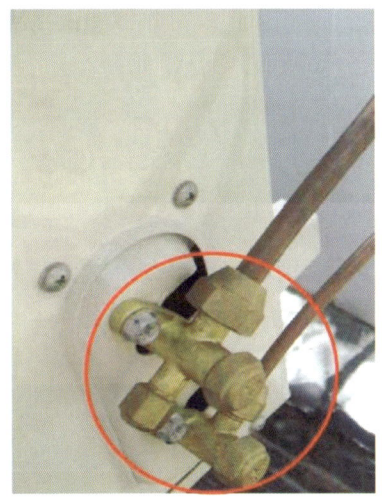

图 7-8 空调器室外机与室内机连接接头

输入电压允许在额定电压 ±10% 的范围内波动，如果过高或过低，要采取措施进行调节。额定电压下，空调器的运转电流需要在额定电流的 85% 左右范围内，如果运转电流偏大或偏小，需对空调器进行进一步检查，以确定是否存在故障。

2）检查室内机配电各部件、接线端是否正常

部分空调器电源波动大、空调器功率较大并且长时间运转，容易引发空调器电路中漏电保护开关和电源线发热，导致电气故障，甚至造成电气火灾。每月应检查配电箱空调器空气开关、空调器接线柱是否有发热、打火、烧焦现象。目测并用老虎钳辅助检查空气开关是否有烧焦发黄现象。接线柱是否有打火、松脱现象；空调器电控盒接线端子排（如图7-9所示）是否有松脱、打火现象。用螺丝刀对接线柱进行紧固，要对有烧焦发黄、打火的空气开关和接线柱进行更换。

3）检查空调器电源线、室内外连接线是否有破损、老化龟裂现象

一些人为破坏、自然风化等因素易造成电源线破损、龟裂现象，裸露的导线在通电情况下容易造成短路、打火、漏电现象。每月需检查各电源连接线是否有破损现象。目测连接线各段是否有破损迹象，查看空调器是否有异常跳闸记录。用兆欧表表笔一端接空调器电线接线端，一端接地线或空调器金属裸露部分（如铜管），测量绝缘阻值是否在 2 MΩ 以上。如果绝缘电阻小于 2 MΩ 或无阻值，说明线路短路，断开室内、外机连接线，分别对室内、外机及连接线进行检测，确定故障点并进行故障排除。

图 7-9 空调器室外机与室内机接线端子

操作技能

任务一　空调器的维护保养

1. 室内机组维护保养

（1）定期（时间间隔为1～2月）清洗蒸发器（或冷凝器）的进风过滤网。可在清洁水中加入少量洗涤剂清洗，然后再用清水冲洗一下，晾干后装上。

（2）定期清洗蒸发器（盘管）翅片上的结灰，可用硬尼龙刷清除结灰，洗刷后可用吸尘器吸灰。

（3）经常检查凝露水排水管是否畅通，如果堵塞，应及时清除堵塞物，以使凝露水畅通，否则凝露水会溢出集水盘。

（4）定期对机组做清洁工作。

（5）保护好蒸发器翅片，若有倒片应予以校正。

2. 室外机组维护保养

（1）保护好分体式空调器冷凝器翅片，若有倒片应予以校正。

（2）定期清除冷凝器翅片间结灰，确保通风流畅。

（3）定期对分体式空调器室外机组内部做清扫工作，清除外壳表面结灰，使机组内部经常保持清洁状态。

3. 分体式空调器整机的维护保养

（1）选用正确容量的熔断器，分体式空调器熔断器容量一般为空调器机组额定电流的2倍左右。熔断器的额定电流应大于电动机的额定电流，这样，电动机启动时不致熔断。

（2）定期检查分体式空调器压缩机和风机的运行状态，检查是否有异常噪声，一旦听到不正常的杂声，如金属碰撞声、电动机嗡嗡声、外壳振动声，应立即停机察看，找出发声源，并予以排除。

（3）定期检查分体式空调器电器部分的运行状况，主要指控制电器（强电部分）的运行状况，如断电器和保护电器等。并对电器板进行清扫，确保良好的运行环境。

（4）定期检查制冷系统的运行状态，手感检查分体式空调器压缩机的吸气、排气温度。可以装接压力表的机组，应装压力表，以检测高压、低压压力状态。观察视液镜中制冷剂流动状态，以判定系统的制冷剂量。

（5）定期检查制冷系统连接管口焊接点、接口处是否有油迹，有油迹处应进行检漏。

（6）空调器机组不应长期在30℃以上的空调房间中运行。即制冷机组长期在超负荷工况下运行，会降低机组的运行寿命，而且容易损坏压缩机的运行零件。

（7）经常检查分体式空调器机组的插头与插座接触是否良好。

（8）保持电气系统的干燥、清洁，防止电气系统因受潮而漏电。避免电器受潮而击穿绝缘层。特别是梅雨季节更要做好防潮、防霉工作。

任务二　分体式空调器维护检修

一、分体式空调器的维保检查

1. 观察法

用观察法检测分体式空调器运行状况，是维修过程中判断故障的常用方法。夏季制冷模式下，启动空调器压缩机，运行 3 min 后，室外机的液阀、液管出现结露现象，运行 10 min 以后，室外机气管、气阀也出现结露现象，表明空调器运行正常，制冷系统制冷剂充足。

若启动空调器压缩机后，液阀、液管一开始出现结霜现象，几分钟后，霜又融化成露，运行 15 min 后，气管、气阀出现结露现象，表明制冷剂稍有不足，但还基本够用，一般不需添加制冷剂。

若启动空调器压缩机后，液阀、液管出现结霜现象，过 15 min 后气管、气阀也出现结霜现象，表明制冷系统内制冷剂充足，但室内机的过滤网过脏，故换热效果不好。

若启动空调器压缩机后，一开始液阀、液管出现结霜现象，几分钟后霜不但不化，反而越结越厚，运行十几分钟后，气管、气阀仍没有出现结露或结霜现象，表明其制冷系统内制冷剂已严重泄漏，需要进行补氟操作。

若启动空调器压缩机，运行一段时间后，仍不见液阀、液管出现结露或结霜，表明其制冷系统内制冷剂已全部泄漏完，需要对制冷系统进行检漏，排除漏点后，试压抽真空后重新充注制冷剂。

另外，制冷模式运行时，还可以通过观察分体式空调器冷凝水的排泄情况，来粗略判断空调器工作状态是否正常。当空调器在强冷挡运行 15 min 后，凝水管出水口若有冷凝水滴出，说明空调器工作正常，否则说明空调器工作不正常。

2. 测试法

可用测试法来对分体式空调器的工作状态正常与否进行判断。

用温度计测试空调器室内机组进、出口气流的温度差。空调器在制冷模式下运行，制冷压缩机启动 15 min 后，室内机进、出口气流的温度差若达到 8 ℃以上（夏季外界环境温度在 35 ℃以下）；制热模式下（冬季外界环境温度为 7 ℃以上），压缩机运行 15 min 后，室内机进、出口气流的温差若达到 15 ℃以上，则说明空调器的制冷和制热效果好。

用钳形电流表测量空调器运行时的运转电流值，当电流值接近额定电流值时，说明空调器工作正常，若测出的运转电流值远远大于额定电流值，说明空调器有故障，处于过载状态；若测出的运转电流值远远低于额定电流值，说明压缩机处于轻载状态，制冷系统中的制冷剂有较严重的泄漏。

用压力表测试空调器制冷系统的工作压力，以 R22 为例，制冷模式运行时，室内机组的运行表压力若在 0.4～0.5 MPa 之间；制热时室内机组的运行表压力若在 1.5～2.1 MPa 之间时，则空调器运行正常。若压力偏离太多，说明空调器工作不正常。

分体式空调器维保检查记录单见表 7-2。

表 7-2 分体式空调维保检查记录单

维保时间		维保地点		
机组型号		客户姓名		
维保内容	维保细目	数值	判断	处理方法
整机运行状况	电源电压（V）			
	运转电流（A）			
	室内机进口温度（℃）			
	室内机出口温度（℃）			
	整机有无异响、震动、滴漏			
室内、外机通风系统检查	室内机过滤网有无堵塞			
	室内机换热器有无积灰或结垢			
	室外机有无积灰			
	室外机换热器有无折弯			
制冷系统检查	室外机管路接口处有无油渍			
	室外机管路接口处有无泄漏			
	连接管路保温层有无脱落			
	运转高压（MPa，表压）			
	运转低压（MPa，表压）			
	平衡压力（MPa，表压）			
电气检查	室内机配电部件			
	室内机接线端			
	空调电源线			
	室内、外机连接线			
	绝缘电阻			
	电源控制开关有无烧蚀打火			

续上表

本次维保记录			
维保费用		客户确认		维保人	

二、维保常见故障和维修措施

分体式空调器的维保中常见的故障现象和维修措施见表7-3。

表7-3 分体式空调器常见的故障和维修措施

故障现象	故障原因	维修方法
空调器运行，但冷量不足	1. 制冷系统泄漏或制冷剂不足 2. 室内热负荷过大 3. 电磁四通换向阀气密性不好，发生泄露 4. 温度设定不当 5. 制冷系统堵塞	1. 检修，重新添加制冷剂 2. 更换大容量的空调器 3. 更换电磁四通换向阀 4. 调整到合适的温度 5. 找出堵塞点，排除堵塞物
空调器运行无热气	1. 电加热器损坏 2. 电磁四通换向阀线圈损坏 3. 电磁四通换向阀泄漏或机械卡死 4. 制冷系统制冷剂泄漏或不足 5. 制冷系统堵塞 6. 空气过滤网堵塞 7. 风扇固定螺丝松动 8. 风扇电机效率降低或绕组损坏	1. 修理或更换电加热器 2. 更换电磁四通换向阀 3. 更换电磁四通换向阀 4. 检修，重新添加制冷剂 5. 更换堵塞部件，重新抽真空再添加制冷剂 6. 清洗空气过滤网 7. 固定松动的螺丝 8. 修理或更换风扇电机
空调器运行噪声过大	1. 空调安装摆放不平整 2. 压缩机底脚不稳固 3. 部件固定螺丝松动 4. 空调器上放有其他物品	1. 调整空调器安装位置 2. 检查压缩机底脚螺丝是否松动 3. 紧固松动螺丝 4. 移去物品
热泵型空调器冷热切换失控	1. 转换开关失效 2. 电磁四通换向阀线圈损坏 3. 电磁四通换向阀机械卡死	1. 修理或更换转换开关 2. 修理或更换电磁四通换向阀 3. 修理或更换电磁四通换向阀
制冷系统高压偏高	1. 制冷剂过量 2. 系统内有空气 3. 冷凝器散热不良 4. 高压段堵塞	1. 排放过量的制冷剂 2. 排空气 3. 改善通风条件 4. 排除堵塞

续上表

故障现象	故障原因	维修方法
制冷系统低压偏低	1. 制冷剂不足或泄漏 2. 膨胀阀供液量过少 3. 空气过滤器堵塞 4. 膨胀阀或毛细管堵塞	1. 补充制冷剂 2. 重新调整膨胀阀开度 3. 清洗空气过滤器 4. 清洗制冷系统
空调器漏水	1. 凝结水排水管堵塞 2. 凝结水排水管向上折弯	1. 冲洗凝结水排水管道 2. 保证凝结水排水管有一定的向下坡度
压缩机工作,风扇电机工作,不制冷	1. 制冷剂全部泄漏 2. 压缩机不做功 3. 制冷系统的干燥过滤器和毛细管脏堵 4. 四通换向阀密闭不严	1. 保压检漏,查出并排除漏点,补焊,试压,抽真空,充注制冷剂 2. 更换压缩机 3. 更换干燥过滤器和毛细管 4. 更换四通换向阀

任务三 分体式空调器清洗消毒

分体式空调器在运行中,由于内部静电的吸附作用,加上气流一直在室内循环流动,环境中的浮尘、烟气、体味,以及碱、胺、病毒、细菌等外来物会被吸附在蒸发器及热交换系统表面,这些表面也是细菌的集聚地。空调器启动时,会向狭小的室内空间蒸发胺、烟、碱等有害物质及病菌,危害人体健康。同时,由于空调器中蒸发器的翅片经常处于潮湿状态,容易滋生霉菌、堆积污垢,堵塞排水管及蒸发器翅片,致使房间空气质量差、空调耗电量增加、故障率增高。为了保证工作区域的空气质量,分体式空调器每年度应清洗保养一两次。

分体式空调器的清洗保养分为室内机清洗和室外机清洗,具体清洗维护保养流程如下:

1. 室内机清洗

(1)清洗前,先观察空调器的运行状态,测出风口的风速、温度、电流等参数,并进行相应的记录,如图7-10所示。

(2)关机并断开空调器电源,打开盖板,卸下过滤网并洗去灰尘。

(3)套上空调器清洗罩,将专用空调器清洗剂均匀地喷洒在蒸发器翅片上,等待10~20分钟。然后用空调器冲洗机调好压力后进行清洗,如果污垢过多,可先用湿布抹去,或用少量清水冲洗,如图7-11所示。

(4)冲洗消毒过滤网、清洗空调器外壳,如图7-12所示。

图7-10 分体式空调器清洗前的准备

图7-11 分体式空调器的清洗

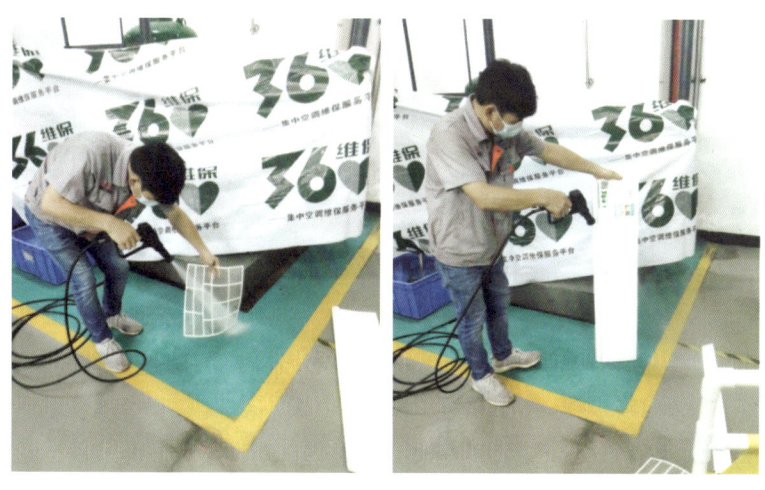

图7-12 分体式空调器过滤网和外壳的清洗

（5）安装整机外壳和过滤网。

（6）安装完毕，擦干净表面，如图7-13所示。

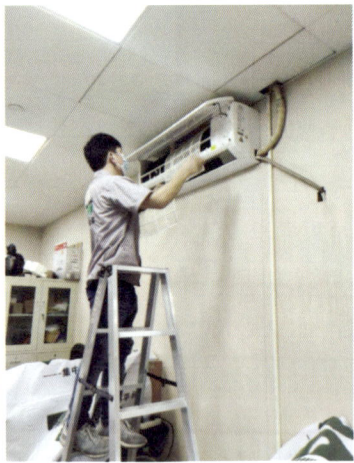

图7-13　分体式空调器清洗后的复位和清洁

（7）开启空调器进行运行测试，确保空调器运行正常。

2. 室外机清洗

（1）空调器室外机清洗时，首先要切断空调器的电源，防止触电。

（2）用清洗剂混合液喷洒在室外机翅片式换热器表面，均匀地涂抹，并用软毛刷反复刷洗。

（3）刷洗完成后用水冲洗换热器表面遗留的泡沫、污渍等。

综合评价

评价项目	评价内容	评价标准	评价方式		
			自我评价	小组评价	教师评价
职业素养	安全意识、责任意识	A. 作风严谨，自觉遵守纪律，出色完成工作任务； B. 能够遵守"8S"管理制度，较好完成工作任务； C. 有忽视规章制度行为，勉强完成工作； D. 不遵守规章制度，未完成工作			
	学习态度主动性	A. 认真听课，积极参与教学活动，无缺勤、迟到、早退现象； B. 有缺勤且达本任务总学时的10%； C. 有缺勤且达本任务总学时的20%； D. 有缺勤且达本任务总学时的30%			
	团队合作意识	A. 与组员协作融洽，团队合作意识强； B. 与组员能沟通，协同工作能力较好； C. 与组员能沟通，协同工作能力一般； D. 与组员沟通困难，协同工作能力较差			
专业能力	学习活动1 明确工作任务	A. 按时完成工作页，正确回答问题，施工步骤清晰； B. 按时完成工作页，问题基本回答正确，了解施工步骤； C. 未能按时完成工作页，有内容遗漏，错误明显； D. 未能完成工作页			
	学习活动2 施工前准备	A. 准确认识施工工具，并能正确使用工具； B. 准确认识施工工具，安全意识较差； C. 对施工工具掌握较差，部分工具不会使用； D. 不认识施工工具			
	学习活动3 现场施工	A. 学习活动评价分为90～100分； B. 学习活动评价分为76～89分； C. 学习活动评价分为60～75分； D. 学习活动评价分为0～59分			
班级			学号		
姓名			综合评价等级		
教师签名		填表日期	年　月　日		

思考题

一、选择题

1. 家用空调器每平方米所需制冷量是（　　）。
   A. 180 W　　　B. 220 W　　　C. 200 W　　　D. 150 W

2. 家用空调器每平方米所需制热量是（　　）。
   A. 180 W　　　B. 220 W　　　C. 200 W　　　D. 150 W

3. 下列（　　）不是空调器制冷的主要配件。
   A. 压缩机　　　B. 毛细管　　　C. 蒸发器　　　D. 四通阀

4. 空调器出现开停机频繁的现象，以下说法错误的是（　　）。
   A. 设定温度与房间温度温差过小
   B. 房间相对于空调器的制冷面积过小
   C. 空调器室内、外机周围有挡风物体
   D. 空调过冷过热保护

5. 空调器制冷时空调器（　　）漏水是正常现象。
   A. 室内机　　　B. 室外机　　　C. 出风口　　　D. 都不会

6. 家用空调器室内机安装高度一般为（　　）。
   A. 1.8～2.2 m　　B. 2.0～2.2 m　　C. 1.9～2.4 m　　D. 2.0～2.3 m

7. 空调器挂机在清洗时需要拆件，以下说法错误的是（　　）。
   A. 拆蒸发器清洗　B. 拆导风板清洗　C. 拆面板清洗　D. 拆过滤网清洗

8. 空调器在清洗前必须检查设备，以下说法错误的是（　　）。
   A. 使用遥控器　　　　　　B. 调试制冷制热系统
   C. 调试导风板　　　　　　D. 检查氟利昂

9. 下列对空调器毛细管的作用说法错误的是（　　）。
   A. 分流　　　B. 回油　　　C. 压力传递　　　D. 制冷制热转换

10. 空调器在制热时需要等（　　）分钟才能送热风。
    A. 5～10 min　　B. 5～20 min　　C. 10～20 min　　D. 2～3 min

二、判断题（对打"√"，错打"×"）

1. 除湿（去除湿度）与制冷模式运行方式一样，只是其运行频率、风速、停机等条件不一样。（　　）

2. 送风（改变风速）强制室内空气得到循环流动，相当于风扇，出风口温度也达到了制冷效果。（　　）

3. 空调器系统有3 min延时保护功能，在关机后需要3 min使整个系统压力平衡，以防止压缩机启动时压力过高缩短压缩机寿命。（　　）

4. 在制冷循环中,冷凝器排出的热量等于蒸发器吸收的热量。(   )
5. 润滑油会引起制冷系统堵塞。(   )
6. 制冷剂在蒸发器中吸收被冷却物的热量,所以是低压高温气体。(   )
7. 蒸发器表面的温度越低越好。(   )
8. 如果制冷系统中有水分,将造成系统间歇制冷。(   )
9. 制冷系统工作时,压缩机的进、出口无明显温差。(   )
10. 空调器制冷系统中,制冷剂越多,制冷能力越强。(   )

三、问答题

1. 分体式空调器制冷剂不足有哪些特征?
2. 分体式空调器由哪几部分构成?
3. 简述检修空调器的步骤。

参考文献

[1] 劳动和社会保障部教材办公室. 小型制冷设备原理与维修[M]. 北京：中国劳动社会保障出版社，2002.

[2] 戈兴中. 制冷与空调装置安装、维修及管理[M]. 北京：化学工业出版社，2002.

[3] 宋友山. 空调器安装与维修[M]. 北京：电子工业出版社，2013.

[4] 吴南岩，林捷. 分体空调器检修资料大全[M]. 福州：福建科学技术出版社，1997.